我 思 故 我 在

玻璃心

不再脆弱的秘密

［日］片田智也 著　施敏霞 译

「メンタル弱い」
が一瞬で変わる本

苏州新闻出版集团
古吴轩出版社

图书在版编目（CIP）数据

玻璃心：不再脆弱的秘密 /（日）片田智也著；施敏霞译. -- 苏州：古吴轩出版社，2023.10
ISBN 978-7-5546-2212-4

Ⅰ.①玻… Ⅱ.①片… ②施… Ⅲ.①心理学－通俗读物 Ⅳ.①B84-49

中国国家版本馆CIP数据核字(2023)第193547号

责任编辑：李　倩
装帧设计：田　松

"MENTAL YOWAI"GA ISSHUN DE KAWARU HON
Copyright © 2021 by Tomoya KATADA
First original Japanese edition published by PHP Institute, Inc., Japan.
Simplified Chinese translation rights arranged with PHP Institute, Inc. through Rightol Media Limited

书　　名：	玻璃心：不再脆弱的秘密
著　　者：	［日］片田智也
译　　者：	施敏霞
出版发行：	苏州新闻出版集团 古吴轩出版社
	地址：苏州市八达街118号苏州新闻大厦30F 电话：0512-65233679　　邮编：215123
出 版 人：	王乐飞
印　　刷：	河北文扬印刷有限公司
开　　本：	880mm×1230mm　1/32
印　　张：	8.5
字　　数：	141千字
版　　次：	2023年10月第1版
印　　次：	2023年10月第1次印刷
书　　号：	ISBN 978-7-5546-2212-4
著作合同 登 记 号：	图字10-2023-258号
定　　价：	49.80元

如有印装质量问题，请与印刷厂联系。18531686173

前言

无论多么强大的人,内心都有脆弱之处

你是否常常陷入低落、忧郁、烦躁不安、消极悲观的情绪里？是否只关注事情的负面，想法总是消极被动？

当你感觉自己内心脆弱时，就会唉声叹气："为什么我内心这么脆弱？"面对这样的自己，你是否很失望？

为了让自己的内心强大起来，你或许尝试过很多方法，却收效甚微。在经历了一次又一次的失败之后，你对自己越来越失望。

我知道你内心无法强大起来的原因，这个原因其实非常简单。

你是否认为内心脆弱是一件坏事？一旦感觉自己内心脆

弱时，是否就像看到垃圾一样弃之如糟粕？

低落、忧郁、烦躁不安、消极悲观的情绪确实并不是什么好东西，大家也都想尽量避免陷入这样的情绪怪圈里。

但是，这一想法本身就是大错特错的。

内心脆弱并不是一种恶，更不是什么无用的东西。它不是垃圾，相反，它甚至是一种铸就强大内心的原材料。

无论你做出何种尝试，内心依然脆弱，这是因为你将负面思考、消极情绪当作垃圾丢弃了，而这些其实都是走向强大内心的必经之路。

我分享一个自己的真实故事。我来自一个家人都被诊断为抑郁症的心理脆弱家庭，我本人也是那种一般人难以想象的小心翼翼、神经敏感的人，而且思想也很消极、悲观。

但是这样的我就很糟糕吗？如果我把这些情绪像垃圾一

样扔掉的话，或许就没有现在的我了。

我二十几岁就开始自立门户，在当上公司总经理之后的第三年，患上了名为"青光眼"的眼科疾病，一度成了一个有视力障碍的成年人。那段时期，我经历着情绪上的不安和低落，内心充满不甘与自卑。而同年，被诊断为抑郁症的姐姐自杀去世了。

当时，我的内心交织着愤怒、悲伤、无能为力、寂寞和孤独，我甚至一度找不到活着的意义，想一死了之。但是，当我从暗无天日的谷底爬出来以后，突然明白了一件事：如果活着没有意义，那就自己去创造意义。为了找到姐姐死亡的真相，我开始关注精神治疗、精神障碍和精神药物。之后，我一边学习精神疗法和哲学，一边又向生物进化论寻求内心脆弱的答案。

按照生物进化论的解释，持续遗传的外形特征（倾向），会通过某种形式延续下去，同时对物种的成功繁衍具有裨益。也就是说，不安、低落的情绪本身也有其存在的意义，而现在的你，只是不知道它存在的意义到底是什么而已。

当我懂得内心脆弱的真实意义以后，我参与的心理咨询工作帮助了一万多人，参加我的演讲会和企业研修的人员总计达到了两万人。原本内心脆弱的我，也克服了视觉障碍的缺陷。而我之所以能够一直坚持做心理咨询和演讲，正是因为我将与生俱来的脆弱都转化为走向强大的原材料了。

想必在很长一段时间里，你也尝试过很多方法让自己的内心变得强大起来，但最终你的内心变强大了吗？

"凡事要看积极面""过去的事就不必再介怀""无法改变的事情无须再想"，这些提升心理韧性的方法，你一定早已耳熟能详，但这些都是以否定内心脆弱为前提的。

但是，如果否定了脆弱，便不能生出真正的强大。其实真正内心强大的人都深谙此道。

想必大家都听说过拳王泰森。出道不到两年，他便在世界三大拳击组织的重量级比赛中获得了金腰带，成为有史以来最强的拳击手之一。但是，即便是如此所向披靡的泰森，在比赛前也常常会因为恐惧而双手发抖。可见无论是多么强大的人，都无法摆脱这种自然的脆弱，因为人生来就是脆弱的。

当时，库斯·达马托担任泰森的教练，他这样跟泰森说："恐惧是我们一生中最重要的朋友，但同时也是我们的敌人。它就像是火焰一般的存在。"也就是说，面对恐惧这一人性的脆弱，我们不应避而远之，而应该和它成为好朋友并借助它的力量。

一直以来，你都是将这"火焰"视为洪水猛兽并避而远之的吧。如果对"火焰"心存恐惧，无法将其作为道具熟练运用，那么无论什么时候，你都会带着对"火焰"的恐惧艰难度日。

内心的脆弱也是如此。一直以来，面对情绪上的不安、消沉，你和它们成为好朋友了吗？或许你一直对这些情绪心存恐惧、避而远之吧。

无论做什么样的努力，你都无法拥有强大的内心，这并不是因为你是脆弱的人，而是因为一直以来，你都在否定自己的那些负面、消极的情绪，而这些原本都可以为你所用，是让你走向内心强大的基石。

内心的脆弱既不是恶魔，也不是敌人，就好像肌肉酸痛是一种必要的疼痛感一样，它更像是你的战友。

为什么人类无法摆脱内心的脆弱呢？如果对生物进化论的知识有所了解，你就会明白，这并不是什么值得恐惧的东西，它更应该成为我们的一种工具。

接下来你该做的事情大致可以分为以下三步：

一、承认内心脆弱是人类与生俱来的特质。

二、明白脆弱发出的警示信号。

三、按照这个信号调整自身的行为。

脆弱是人与生俱来的，也是保护我们生命免受伤害的一道防线，它总是在为我们的行动做出合理的指引。

所以，如果否定这种与生俱来的脆弱，无异于将自己推入危险的境地，最终只会生出扭曲的强大。为了消灭自然的脆弱而不断强迫自己去忍耐、逞强，这岂不是太痛苦了？

和与生俱来的脆弱做朋友吧！读懂它传递给你的信息，然后坦诚地接受并调整自己的行为方式，如此才能拥抱内心的强大。

你或许会有疑问：自己真的能做到吗？

没关系！你现在所感受到的不安就是人类自然的脆弱，不要试图消灭它、忽视它，也不需要敷衍它、搪塞它。接下来，请理解我所要传达给你的内容，并运用到实践中去，你的内心一定会变得强大起来！

目录

第一章
为什么你总是心理脆弱

003　是心理脆弱,还是心理状态不佳

007　两大维度,找出脆弱的真相

011　自然产生的脆弱是一种防御反应

016　否定自然的脆弱,只会适得其反

020　不必通过逞能来掩饰自然的脆弱

024　情绪是行动的动机,是为了保护你而存在

030　明白了不足之处才会去弥补

036　痛苦能成为内心强大的养分

041　以四个象限掌握内心的变化

047　想责怪他人,其实是因为自身能力不足

第二章

接受脆弱是自然的人性

055　为自身脆弱而烦恼,正是认真生活的证明

058　出现任何感受,必然有相应的原因

061　尊重人会产生自然的脆弱这一事实

064　在意他人的目光,也是自然的脆弱

067　你是不是希望讨好他人

071　承认内心的不安,才能消除不安

077　内心不安时,不能过度思考

081　感到不安也没关系,同时采取行动就好

085　适度的精神痛苦就像肌肉酸痛,有助于成长

第三章

不要勉强自己去否定和逞能

093　不要生硬地控制自然的情绪

097　了解"必须"的三种类别,加以区分使用

103　用有允许意味的话语,缓和不自然的"必须"

108　别用浮于表面的积极打迷糊仗

第四章

借助情感的力量,内心自然会变强大

115　负面情绪是人生的导航仪

118　烦躁、不安、消沉是消极情绪的先兆

121　维持"回避危险模式"会加剧烦躁

125　在意过去的事,是因为现在很不安

130　自卑情绪是一种风险提醒

135　愤怒是一种次生情绪,要找到其根源

140　越否定紧张,就会越紧张

143　孤独感的三种益处

148　无力感能成为强大的动力

第五章
用行动来回应情绪的警示信号

155 　抱怨、发牢骚,是实现尽快振作的"仪式"

160 　谁都没错,跳出责备他人的怪圈

165 　把谨慎、胆小、悲观转变为强有力的伙伴

169 　别再说"做不了"

177 　把"失败"换成"反馈"

181 　能让牢骚和不满立马消失的魔法话语

186 　行动时聚焦于眼前的事物

190 　不说"继续""坚持",而说"今天就做"

195 　不因为无法改变他人就放弃

第六章

优化人际关系，
就能带来强大内心

205　合作、共鸣、分享，提高人际关系质量

211　选择诚实的人作为倾诉的对象

215　降低让对方理解自己的门槛

219　要想被他人理解，就要先理解他人

223　当关系产生对立时，用"我们"去化解

230　若失去了重要的东西，就把它当作借来的

235　不拘泥于确定性，即使不安也要尝试

240　内心的脆弱与强大就像汽车两侧的车轮

后　记

看见自身的人性，
获得强大的内心

玻
璃
心

不　再　脆　弱　的　秘　密

第一章

为什么你总是心理脆弱

> 情绪低落是一种催生解决方案的防御反应,是为了让自己不再有同样的遭遇。

是心理脆弱,
还是心理状态不佳

我认为这个世界上并不存在"心理脆弱的人",但是"心理状态不佳的人"却不在少数。

这是怎么回事呢?其实,"心理脆弱""心理强大"这样的说法本身就比较奇怪。为了便于大家理解,我以身体为例进行如下说明。

运动员往往都具有发达的运动神经、强壮的身体骨骼,要说他们的身体到底是脆弱的还是强壮的,毫无疑问,肯定是强壮的。如果这样强壮的人得了感冒会如何?要是发烧到39摄氏度以上,便不能行动自如,不要说站起身,就算从床上爬起来都十分吃力。

那么，他是身体脆弱的人吗？显然不是，他只是当下身体状态欠佳而已，而发烧也只是身体为了杀死病毒而做出的一种防御反应。

不必因为一时状态欠佳就哀叹自己身体脆弱，当然也不必逞强让自己立马恢复如前，这些行为只会让身体恢复得更慢。必要的时候，只需要意识到自己是当下身体状态欠佳而已，闭上眼睛睡一觉，自然就会恢复元气。

心理层面的强弱亦是如此。如果丢了钱包，你的心情会如何？想必会很低落吧，一会儿垂头丧气，一会儿长吁短叹，那么这就是心理脆弱吗？

和身体状况一样，这只是当下心理状态不佳而已。就算是平日里积极乐观的人，如果丢了钱包，也是会情绪低落的。而如果有人对此毫无反应，那才是不正常的。

情绪低落是一种催生解决方案的防御反应，是为了让自己不再有同样的遭遇。所以，这只是当下心理状态不佳而已。

真正的区别就在这里。我所遇见的心理脆弱的人，往往会觉得情绪低落的自己很没出息，总是在勉强自己早点儿忘记不愉快的经历，一直在否定自己身上自然的脆弱。

可是就算这样，还是无法摆脱情绪低落，他们会觉得心理脆弱的自己是一个没用的人，开始陷入自我否定的陷阱。这也可以称为"无用的自我否定"。

例如，当你扭了脚而无法行走时，你会用身体羸弱来否定自己吗？疼痛也是一种防御反应，没有必要去否定它，也没有必要掩饰和逞强。因为这种行为只会让脆弱的状态一直持续下去。

低落、不安、忧郁、闷闷不乐，这些情绪都属于防御反应，它们也都是事出有因的。

没有必要无视它们，也没有必要逞强，更不必否定它们。你一旦否定了自己，那么在接下来的一年之中，你就会重复数百次无用的自我否定。

长期的自我否定只会导致你对自己的喜爱程度越来越低，这样一来，你可能会变得很难相信自己。

就像我前面提到的，这个世界上并不存在心理脆弱的人，只有心理状态长期欠佳的人而已。这类人总是不愿意承认自己当下心理状态不佳，总是在不断重复无用的自我否定，还抹杀掉了相信自己的能力。

> 在直面自己心中的不甘的过程中，我们往往能收获成长的力量。

两大维度，
找出脆弱的真相

你并不是内心脆弱的人，只是在面对防御反应产生的自然的脆弱时，总是选择无视它、敷衍它，进行无用的自我否定。所以你只是心理状态长期欠佳而已。

不要担心！虽然比起其他人，你总是更多地进行自我否定，总是缺乏自信，但这些都是正常的。承认并理解我们与生俱来的脆弱，是为了让我们不再有同样的遭遇而赐予我们的力量源泉，如此一来，我们的内心才会变得强大。

如果一直重复无用的自我否定，无论是谁都会变得越来越脆弱。所以一直以来，你只是对自己心理层面的东西有些误解而已。

为什么会生出这样的误解？因为我们总是从脆弱或强大这种单一维度思考心理问题。如果只用强或者弱去衡量心理的话，那么即使是一些普通的情绪低落和不安，也会被看成是有害的。

为了正确地把握心理问题，我在这里再引入一个维度，即自然的或非自然的。可以用这两个维度重新审视心理问题。

根据我在一万多人的心理咨询中积累的经验，那些认为自己心理脆弱的人都有一个共通的问题，那就是喜欢勉强自己。

有一位男职工为一件事情所困扰："我无法发自内心地为同事的升职感到高兴，感觉自己是个器量很小的人。"

他具体解释说，那位得到升职的同事一直跟他并驾齐驱，两人一直处于你追我赶的状态，结果最后还是这位同事升职了。

"当然，我也多少会为他感到开心，但是总感觉心里很烦闷。"他也跟公司的前辈表达过自己的想法，前辈则告诉他："当作自己的事情一样去开心就好了。"

总之，他输给了自己的对手，并因此感到不甘心和自卑，他闷闷不乐——为什么升职的是那个家伙？这也是一种自然的脆弱。就算他抹杀掉这种脆弱，把同事的升职当作自己的事情，然后装出很高兴的样子，也无法改变他内心其实并不愉快的事实。

在直面自己心中的不甘的过程中，我们往往能收获成长的力量。

我们会跟自己说"我也要加油"，这是在消化了不甘心、嫉妒这些自然的脆弱以后产生的强大的心理。而那些搪塞自己的真实感受并强颜欢笑的人是无法获得成长的。

当我跟他说出这些话的时候，他说道："不，我当然很不甘心！但是我一直觉得自己有这样的想法是不对的。"但这种不甘心并不是思考的产物，顶多也就是感觉层面的东西。

用语言或思考去包装和美化自然萌生的情感或感觉，这其实也是因为将后悔和嫉妒这种脆弱视为了恶。

低落、不安、闷闷不乐、想法负面、情绪消极也是如此。无论产生哪种情绪都是自然的脆弱，而这些情绪的产生也是有原因的。

用强与弱来衡量内心世界，往往就会同好与坏混为一谈，这导致我们会去否定一些"不得已而为之的坏事"。

没关系！只要活在这个世上，我们就会不断地面对这些"不得已而为之的坏事"。学会面对这些事情，既能减少自我否定的次数，也能更好地将脆弱转化为强大。

那么，如何才能获得强大的内心呢？且听我慢慢说来。

> 不要怀疑你内心涌起的自然的情感。这都是经历了漫长岁月积累下来的、让你安全存活于世的防御反应。

自然产生的脆弱
是一种防御反应

包含控制情感和感觉的大脑在内,人类的身体构造在距今十万年前的狩猎时代就已经停止进化了。

现代人能否想象狩猎时代的人类是怎样生活的呢?狩猎时代要早于建立城邦制国家的时期,甚至是比农耕文明还要古老的历史时期。

当时人类的生活中充斥着无数危险和未知的东西。缺乏食物对于那个时期的人类来说,早已是司空见惯的事情。他们还会遭遇狮子一类的捕食者的袭击,遭遇自然灾害,以及和其他部落发生战争,等等。

经历重重危险后活下来的人类祖先，一遇事就会感到不安和恐惧。

所谓心理上与生俱来的脆弱，你可以理解为它是给人类发出某些警示的防御反应。

举个简单的例子，假设在你面前有一头野生的狮子。所谓恐惧就是在提醒你"马上离开这里"。即使可以在口头上逞强说"我不怕"，但反映到实际行动中则是"我不想待在这里"，然后匆忙逃跑。曾经遭遇过狮子袭击的人，在外出狩猎时，就会担心"要是再碰到狮子该怎么办"。这种不安的感觉也是一种与生俱来的脆弱。

所谓不安，是一种"要对未来的危险做好准备"的防御反应，是在提醒人类要确认好安全路线，准备好武器，以防不测。

无忧无虑的古代人就算嘴上说着"没关系，不用担心"，可是如果没有做好准备，恐怕他们也会坐立不安、心神不宁。

或许有人会说："害怕野生狮子倒是能理解，可是人的眼睛有什么好害怕或者感到不安的呢？"

没关系，这也是一种与生俱来的脆弱。人类是一种群居动物，换言之，人类并不是能够独立生存的强大物种。

在远古社会，如果被驱逐出集团或是被排挤在外，那将是性命攸关的事情。被人讨厌、轻视，都是发生这种危险的前兆，所以古代人会极力避免这种情况的发生，这其实也是一种典型的防御反应。

我在28岁那年患上了青光眼，这种疾病会让人的视力范围逐渐缩小，也是造成失明的头号杀手。

我的右眼已经接近失明状态，左眼即使经过了矫正，视力也仅为0.08，只能勉强看见物体中间的一小圈。从这个小小的圈里望出去的，只是一个朦胧的世界。

青光眼给我的工作和生活都带来了诸多不便，但是比起这些不便，更让我烦恼的是心理上的问题。

当时是我独立出来做事的第三年，长期以来，我付出了相当大的努力，而且我对自己接下来的发展也很有信心，结果一下子就变成一个连独自出门都感到害怕的弱者。

自卑与屈辱交织在一起，这种烦闷的感觉就像黑压压的乌云一般笼罩在我的心头。很多人无数次劝导我，让我不要感到自卑，也不必觉得羞耻。但是无论我多么努力去驱散心中的阴霾，却总也挥之不去。

现在回过头来想想，当时自己会有这种感受也很正常。这黑压压的烦闷其实是在提醒我一件很重要的事情，只是彼时的我对此却毫无察觉。

自卑感是在提醒我失去利用价值的危险，屈辱感则是在提醒我失去尊严的危险。

与古代社会相比,现代社会是安全的。即便失去利用价值和尊严,活下去也并不是一件难事。但是一边贬低自己,一边又做着所谓"连我这种人都能干的事情",一旦产生这种阴暗抑郁的心情,就会让自己陷入充满屈辱的人生之中。

压在我心头的那种烦闷,换句话说,就是在提醒我不能就此沉沦,必须找到一种只有我才能做到的值得骄傲的活法。

然而,当时的我却完全没有理会这份提醒。我真正读懂防御反应的意思并开始采取行动,是很久以后的事情了。

不要怀疑你内心涌起的自然的情感。这都是经历了漫长岁月积累下来的、让你安全存活于世的防御反应。

那些自然涌现的情感,无论多么令人不快,都有其存在的意义,而且这些情感毫无例外地都是为了保护你而产生的防御反应。对于这两点,你应当深信不疑。

> 如果面对自己的不安，屡屡否定自己，觉得自己很没出息，那么只会不断增加自我否定的次数。

否定自然的脆弱，
只会适得其反

情绪低落、惶恐不安、抑郁、想法负面、态度消极等都是防御反应，无论是哪一种，都有其产生的原因。否认这种自然的脆弱，就好像是在否认人需要释放这种天生的生理反应一样。

当然，我们也没有必要在他人面前展现自己的失落，多少也需要忍耐一下。但如果我们即便是独自一人时都在否定这种情绪，那么将会发生怎样的事情呢？

首先，会增加无用的自我否定。丢了钱包，人会感到失落，这就像在夏天外出走动会出汗一样，是一种非常自然的表现。就好像我们无法用意识去控制身体不出汗一样，情绪低落这种状态也不是说消除就能消除的。

当我们回味低落的情绪时，还会伴随着循环往复的自我反省。如果我们因为自己总是处于低落的状态就否定自己，那么对自我的否定就会出现得越来越频繁。

举个例子，有人对一周后的演讲感到很不安。这种不安就是在向他发出要提前做好准备的信号。这本身就是一种自然的脆弱，并没有什么问题。直面不安，做好充分的准备才是解决问题的关键，而这些日积月累的沉淀也会让人临危不乱、稳如磐石。如果面对自己的不安，屡屡否定自己，觉得自己很没出息，那么只会不断增加自我否定的次数。

如此说来，我曾经也屡屡踩躏自己、否定自己，觉得自己很没用。正是因为有过这样的体会，我才更明白个中滋味。

当我出现视觉问题后，整个人都变得十分低落，对未来充满了不安，感到深深的自卑和屈辱。仔细想想，其实这些都是再正常不过的反应了，完全没有必要去否定这些情绪。

但是，当时的我却在不知不觉间把自己看作一个没有价值的人。让我产生这种想法的导火索是写在残疾人手册上的几个字，我的照片被用红色印泥标注上了"需看护"的字样，这就好像是在说我是一个无法独立生活的弱者。

实际上，我并没有接受过看护，即便是真的需要看护，也并不是什么坏事。

但是对于当时的我来说，脆弱就意味着不好。对于内心自然涌现出来的低落、不安、自卑的情绪，我统统都否定了。

结果，我总是评价自己"所以我总是不行"，一有什么事就会惩罚没用的自己。

长期在这样的环境中生活，导致我对他人的目光越来越在意。他们是不是觉得我很奇怪？实际上并没有人注意我，而我却变得十分敏感，变得不敢正视他人的脸庞，也不敢与人面对面交谈。

如果去看心理医生，我很有可能会被诊断为社交恐惧症吧，但这些其实都是由于我没能意识到自己身上的这些自然的脆弱并不断进行自我否定。如果非要下一个结论，与其说我是生病了，倒不如说我是受了点儿皮外伤。

此刻的你是带着怎样的心情在阅读本书，我无从知晓，但是我能断定的一点是，此刻你感受到的所有低落、不安，以及其他情绪上的脆弱，都有其产生的原因，而这些也都是自然的情感表现。

并不是因为你比其他人脆弱才会有这样的感受。就算你自己不明白原因是什么，但必定存在与这种感受相符的理由。

所以无论此刻的你有多么难过，也希望你不要否定自己，不要断定自己是一个没用的人。

> 自然的脆弱必定有其存在的意义。按照它提示的信息去改变行动方式，不逃避脆弱，才会给人带来真正的自信。

不必通过逞能
来掩饰自然的脆弱

无视有原因的自然的脆弱，一味想着搪塞它、消灭它，人就会陷入自我否定的恶性循环中。

在经历了无数次循环往复的自我否定后，人就会变得自我厌恶，无法信任自己，很难满怀信心地生活下去。

有时候，我们明明内心充满不安，但说起话来却显得云淡风轻，情绪低落却还要强颜欢笑，内心没有底气却还要虚张声势。但是无论在旁人面前装得多么泰然自若，都不代表你是真的自信。

自信原本就是由内而外的。不需要他人或者社会来认可自己的地位、权威，从内心涌现的自我认可才是原原本本的自信。

但是，如果一直无视自然的脆弱，不断重复进行自我否定，就无法从内在去培养出那种即使得不到他人的认可，也能够相信自己的"无条件的自信"。

我们往往会执着于一些来自他人和社会的通俗易懂的评判维度，比如学历、工作、收入、点赞数、朋友圈人气、粉丝数量等。

活在他人的评价之中是一件很痛苦的事情。而且从外部获得的相对的自信，其实也是不堪一击的。

例如，你或许听到过这样的故事：一些男性在退休以后，因为没了地位和头衔，一下子变得苍老了很多。这是因为他们失去了自信的根源，自然也就日渐颓废了。

无法培养出由内而外的自信，也就意味着在生活中总是会受到他人评价或环境变化的影响。无论表面上看起来多么自信，如果这些自信都只是来自外部的评价，那么这个人的内心其实始终处于脆弱的状态中。

那么，人为何要否定这种自然的脆弱呢？

一个理由，也是我之前解释过的，那就是人们把一些作为防御反应而出现的事情误解为绝对的坏事。

还有一个理由，简单来说，就是连锁反应。在身边的人、网络资讯、励志书籍、社会风气中，充斥着把刻意逞强看作王道的思想，这一思想总是在否定自然的脆弱。

人们在婴儿时期并不会去否定自然的脆弱，这是因为那时候的他们还不具备刻意说出某些语言的能力。低落消沉、惶恐不安的情绪是不好的，而向他们灌输这种概念的也正是他们身边的某些人。

生活中，大家或多或少都会挺直腰板，通过伪装逞能让自己看起来状态更好一些。但是，如果我们刻意逞强，对他人的脆弱也就无法报以宽容的态度。"我自己都还在忍耐呢。"即使没有这种情况，他们也会对情绪上的脆弱加以否定。

自然的脆弱必定有其存在的意义。按照它提示的信息去改变行动方式，不逃避脆弱，才会给人带来真正的自信。

远离那些否定自然的脆弱的人或者消息，如此一来，就能减少无用的自我否定，也会减少通过逞能来掩饰脆弱的行为。

> 一旦有事情发生，就必定会引起我们情绪上的变化；也正是因为这件事情十分重要，才会引起我们内心的摇摆。

情绪是行动的动机，是为了保护你而存在

我在前文也提过，无论是多么让人不愉快的情感，都具有为了保护你而存在的意义。关键在于它到底具有什么意义。

对于负面的情绪和感觉，可以将其理解为不由自主地产生的，是在为一些特定的行为提供动机。

比如"害怕"是在给人提供一个逃跑的动机，"不安"是在催人要提早准备，"郁郁寡欢"和"后悔"是在让人反省，"自卑"和"不甘心"则是在让人追求卓越。

虽然说"我不想做这样的事情"是我们的自由，但是我们的行为往往不受自己控制，常常会不由自主、情不自禁。也就是说所谓负面情感，就是让我们在面对危险和未知的时候，能够采取行动加以应对。

由于视力障碍而内心千疮百孔的我，在精神上也一度处于崩溃的边缘。虽然我能维持最低限度的生活和工作，但是无论做什么，我都提不起劲儿来，终日浑浑噩噩。

直到一件发生在一个雨天的事情把我彻底唤醒了。

那天，我接到了父亲的电话，他告诉我姐姐自杀了。"啊？"事情发生得太过突然，以至于我完全没有听明白父亲的意思。

我确实听说姐姐在生下第二个孩子后患上了产后抑郁症，但是当时的我对心理疾病的了解完全是一片空白，我甚至还说过"产后抑郁？有这样的病吗"这种十分冷漠的话。那时候，光是自己的事情就已经让我精疲力竭，因此我对姐姐的事情分身乏术。

当时，我的内心五味杂陈。不仅仅是悲伤、寂寞，我对自己的不近人情也感到无比愤怒，对自己说出那样无情无义的话有沉重的负罪感。但是比起这些，更多的是什么也做不了的无力感。

年长我很多的姐姐，对我来说，就是第三位家长，而如此重要的存在突然就被死神夺去了生命。

表面上看来，姐姐是苦于抑郁症而自杀的。可是，我无法接受这个理由。姐姐是如何走上自杀这条道路的？我想知道姐姐死亡的真相。

抛下这么多年来苦心经营的一切，然后和这个世界告别，我想她一定有做出这一选择的理由。

抑郁症到底是什么？抗抑郁的药物真的是安全的药物吗？精神医学是正确的吗？姐姐是什么时候开始有抑郁症

的？要怎么做才能治好抑郁症？

我不仅从书店买了精神病理学、精神药理学、精神医学史、医疗人类学等领域的书籍，还前往日本国立国会图书馆研读相关论文。

用视力模糊的眼睛阅读书籍，这让我吃了不少苦头。为了填补我内心的无助和无知，我一个字一个字地、如饥似渴地阅读着。

有一天，我突然意识到了一件事：我是从什么时候开始像个普通人一样外出的？从什么时候开始不再在意旁人的目光了？那个处于精神崩溃边缘的我消失不见了，而且我也不再抗拒曾经让我感到十分痛苦的阅读了。

我记得自己并没有对外宣誓过要学习抑郁症相关的知识，也没有特意制订计划和制作日程表。但就好像身体能够自主行动一般，我在无意识的状态下就做了这些事情。

姐姐的死让我产生了一种对什么都无能为力的感觉，这是一种非常自然的脆弱。

这种无力感似乎是在提醒我：再也不要发生同样的事情，要用力量来武装自己！用知识来武装自己！

我所感受到的无力促使我采取行动去应对抑郁症这一对我来说完全未知的疾病，引导我提前防范未知的风险。

实际上，无力感给我的提醒也是正确的。因为在这之后，我的妻子和父母也被诊断为患有抑郁症。

如果当时的我无视了自己所体会到的无力感，对它敷衍、搪塞，或许我的家人会再一次被不明所以的疾病所困扰，然后再次遭遇同样的厄运。

一旦有事情发生，就必定会引起我们情绪上的变化；也正是因为这件事情十分重要，才会引起我们内心的摇摆。

所以请一定不要误解！面对内心的低落消沉、惶恐不安、郁郁寡欢、后悔等负面情绪，不要试图搪塞它、消灭它，更不要否定有这种脆弱情绪的自己。

不要忘记这些情绪其实都是为了让你不再有同样的遭遇，是为了保护你而产生的。

> 弥补欠缺会带来行动上的修正。这是自然的脆弱所发挥的作用，改变行动的结果就是获得强大的内心。

明白了不足之处
才会去弥补

为了拥有强大的内心而去否定自然的脆弱，或是刻意逞强，这都是不可取的，那些刻意为之的事情毫无必要。

真正需要做的就是去承认已经发生的事情让人产生的自然的情感，并补偿这种情感上的脆弱。所谓补偿，就是一种弥补欠缺的行为。如果不愿承认自然的脆弱，也就无法做出补偿。

弥补欠缺会带来行动上的修正。这是自然的脆弱所发挥的作用，改变行动的结果就是获得强大的内心。

让我深有体会的一件事是，当我眼睛看不清以后，我就有了很强的欲望去弥补自身的不足。于是，对于耳朵听到的声音，我变得更加敏感了，手指的触觉也比之前更敏锐了。

这种补偿行为是为了我们的人身安全而自发产生的一种行动机制。

面对一些不愉快的事情时，产生不愉快的情绪也在情理之中。钱包丢了，会感到情绪低落；收入减少，会感到不安。问题在于既否定了这种自然的脆弱，又无法通过行动去弥补它。

其实整个事件的构成非常简单。举个例子，因运动比赛输了而感到不甘心是一种正常的自然的脆弱，继而会促使人增加练习量、改变练习方法，等等。

如果能够做到直面结果，不逃避，那么就能够相信自己，也就是说，真正的自信就会由内而外产生。这也是真正的内心强大原本就该有的样子。

输掉比赛后掩藏自己的不甘心，寻找诸如"身体没有调整到最佳状态""裁判的判决不公正"等各种借口，即使这些都是事实，但这些逃避自己的真实感受的选手，无论是在身体上、技术上，还是在心理上，都无法变得强大。

这是因为只要不承认内心的不甘，就无法引发弥补欠缺的补偿行动，也就是无法引起行动上的修正。

心理上的问题不能仅仅从心理的角度去思考。心理问题的所有方面都是基于环境的变化而产生的，而且这些问题也只能通过自身的行动来解决。

我对此坚信不疑。十多年来，对于既成事实引起的自然的脆弱情绪，我无一例外地照单全收，并将这些脆弱都作为变强的原材料持续加工，也就是持续弥补我能力上的不足。

渐渐地，我能够做的事情变多了，而且也增加了对自己的信任。虽然我还没有达到临危不乱的境界，但我已经掌握了应对内心情绪波动的方法。

所以，无论接下来发生什么，无论内心如何摇摆，我都相信自己能从容应对。

但是，我们无法预知环境何时会发生变化。2020年春天过后，我为一件事情的发生感到无比痛苦。

为了防止新冠病毒的扩散，我的一项研修工作，也就是和我的听众们的沟通互动被迫停止了。

我并不擅长一个人滔滔不绝，比起这种单人的演讲形式，我更喜欢将听众们带进来，一起参与讨论和互动游戏。这样一来，听众们也能充分参与其中，所有人都能享受到研修活动的快乐。

但是因为新冠病毒肆虐，集体讨论活动不得不叫停。我因为视力模糊，如果听不到听众们的声音就不知道他们做何反馈。自从发布了禁止聚集的规定后，曾经让我感到无比快乐的研修活动也变得痛苦万分。

虽然很多人跟我说这一切都是新冠病毒造成的，让我不要介怀，但是我无法忽视内心的真实感受。

于是我做了一个决定：即使是单人演讲的形式也要为听众带去价值。我决心重新审视这个项目。自从下定决心以后，我不再感到痛苦。是我曾经感受到的纠结与难过促使我做出了这一改变。

如果这个时候，我找借口说一切都是新冠病毒的错，自己对此无可奈何，那么现在又会是怎样一种境况呢？我想，我的痛苦不会消除，工作模式也得不到改善。

没有必要为了让内心变得强大就去否定一些事情。对于环境的变化而产生的自然的情绪波动，应当去理解它产生的意义，去为弥补情绪脆弱而采取行动。如果做不到这些，那就是因为你一直在否定自然的脆弱情绪。

坦然接受你所感受到的情绪上的脆弱。如此一来，你自然就会明白自己该采取什么样的行动去改变，该朝着什么方向前进了。

> 承认自然的脆弱并不是一件容易的事情……将自然的脆弱转化为强大的内心也需要营养——从他人处获得的共鸣。

痛苦能成为
内心强大的养分

否定了自然的脆弱,就会增加无用的自我否定,也会招致扭曲的心理脆弱。如果为了掩饰这一点而逞强,就会受制于他人和社会的评价而原地踏步。

凡事刻意为之是很辛苦的,承认自然的脆弱并采取行动去弥补不足,先不论结果如何,至少对自己的信任会加深。

不踏入刻意的境地,在自然的状态下行动,内心的脆弱状态也会逐渐改变。

但是承认自然的脆弱并不是一件容易的事情,就像让受伤的肌肉快速恢复需要营养一样，将自然的脆弱转化为强大的内心也需要营养——从他人处获得的共鸣。

低落不安、自卑……不论是出于什么原因而产生的，直面这些情绪都非常困难。无论是这些痛苦的事情，还是为这些事情感到痛苦的自己，都让人想逃避，而这也是十分正常的反应。这个时候，如果有一个和自己感同身受的人在身边就好了，即使十分痛苦，也能够让人直面这种脆弱。虽然没有必要让所有人都理解自己，但是只要有一个人是理解自己的，便让人有了直面脆弱的勇气。

对于我来说，由于视力受损而产生的自卑感、屈辱感，都是我在挽回自己作为一个人在社会上的价值和尊严时所受的伤。我虽然察觉到了自身的问题却没有采取行动，或许是因为我面临的问题比较严重，但更主要的是当时我的身边并没有一个可以和我感同身受的人。

直到之后我遇见一位老师，我的人生才开始发生巨大的变化。

那时候正值我在调查姐姐的死因，同时又在摸索一条恢复自身精神状态的道路。当时我暗暗下定决心：一定要重新振作起来！但是那位老师却告诉我这是一种刻意的勉强。

"别担心！你已经在恢复了，使不使劲儿都没关系。"老师这种柔和的开导方式让我有一种无法言说的美好感受。

有一个能够相信自己的人在身边，会让人备受鼓舞。但是这并不是谁都能够做到的事情，只有将自然的脆弱转化为强大的内心的人才能够做到。

接受自然的脆弱才能促成补偿不足的弥补行为。即使有不近人情或者不合理的地方，也不会将原因归结为外部因素，而是把它当作提升自身能力的机会，只有这样的人才能在能力和精神上不断成长，变得更加强大。

他们能获得的不仅是内心的强大而已，同时还伴随着温柔的力量。

这里所说的"温柔",不是为了不受人讨厌而伪装的温柔,也不是要求回报的温柔,因为这几种温柔只是出于保护自己的伪装。能感知对方的心情,能真正和对方感同身受的温柔才是我所说的"温柔"。

能够拥有强大的内心,关键就在于愿意接受自然的脆弱。

而那些否定脆弱、否定自己、总是逞强的人是无法拥有强大的内心的。他们连自己的脆弱都无法接受,又怎么能接受他人的脆弱呢?

但是那些超越了自然的脆弱的人却不一样。他们无数次面对自己的消沉低落、惶恐不安和郁郁寡欢,他们能理解想逃避这些脆弱情绪的心情,也正因为如此,他们才能对他人的痛苦深有体会并感同身受。

而我一直觉得咨询师的本职工作就在于和他人共情。这份工作不是去消除自然的脆弱,也不是去否定它,更不是去教人坚强，或聆听他人的牢骚，而是以接受自然的脆弱并采取行动去改变它为基础，为需要帮助的人发挥自身价值。至少我是这样定义我这份工作的。

当时我从来没有想过自己会从事咨询师的工作，而如今我选择了这份职业也是我超越了自身脆弱的结果。

虽然我是一个随时都有可能失明的人，但是即便这一天真的到来了，我也有自信可以继续坚持贯彻只有我才能做到的、值得骄傲的活法。

> 如果能把握精神状态的这四个象限，即使做不到稳如磐石，在面对大多数事情时也能迅速平复心情，回归强大。

以四个象限
掌握内心的变化

一直以来，人们总是用强或者弱这种单一的维度在思考心理问题。

久而久之，人们就会习惯用好或者坏去判断这些问题，结果那些原本需要经历的自然的脆弱也被看成是坏的了，这也导致我们长期深陷自我否定的囹圄。虽然有时候也能靠着逞强闯过难关，但是内心早已经是伤痕累累。所以，你的心理状态总是欠佳也是有道理的。

但是请不要担心！关于心理问题的理解，从今天开始，你可以通过自然或非自然这个新的维度来思考了。

"现在我处于哪个区域呢？"即使处在非自然的区域，当你意识到这一点的时候，也能靠自己跳出这个区域。

为了方便大家理解，一直以来，我特意用"具有非自然的脆弱的人""具有强大的内心的人"来定义这类人，就好像这些人实际存在一样。

但实际上，大部分人往往都是在强与弱、自然与非自然这四个象限里来回穿梭。

就像我在前文提过的，无论身体多么强壮的人都会患感冒，但这并不能说明他身体脆弱，只是当下身体状态欠佳而已。

同理，我们的心理状态也是在经常变化的。原本刚刚还心情愉悦，结果就因为谁的一句话而变得烦躁不安——我们或许都有过这样的经历吧。环境一旦发生变化，与此对应的心理状态也会发生变化，重要的是如何正确把握精神状态。

我们所面临的问题在于，没有合适的语言去表达精神状态到底如何欠佳。在强与弱这条轴线上，再引入一条自然与非自然的轴线，就可以用四个象限去表现精神状态欠佳的程度了。

顺便温习一下之前的内容，我们一起来看一下这四个象限分别代表哪种状态。

	弱	强
自然	象限一 自然的脆弱状态	象限二 自然的健康状态
非自然	象限三 非自然的脆弱状态	象限四 脆弱却在逞强的状态

精神状态的四个象限

象限一：自然的脆弱状态

因输掉比赛而感到后悔、不甘心，对未来感到迷茫不安，因工作上犯了错而闷闷不乐，这些情绪都是十分正常的。就好像感冒了会发烧、膝盖磕破了会流血一样，它们都是一种防御反应。

这跟疼痛的程度并没有关系，这种自然的脆弱状态属于人之常情。

象限二：自然的健康状态

承认自然的脆弱会促使我们去弥补自身的不足。采取行动来弥补不足，可以加深我们对不逃避现实的自己的信任感。

当我们能够灵活应对环境变化时，与其说是内心强大，倒不如说是心理处于自然的健康状态。

象限三：非自然的脆弱状态

无视和敷衍自然的脆弱，会使我们无法对自身的不足进行弥补，而且会否定状态不佳的自己，认为这样的自己是无用的人。这样的自我否定不断增加,非自然的脆弱状态就会不断持续下去,我们在精神上就会变得不思进取。

象限四:脆弱却在逞强的状态

无论多么脆弱,我们都要在社会上生存。虽然内心原本十分脆弱,但我们还是要装出坚强的样子。如果这种状态一直持续下去,一旦得不到他人和社会的正面评价,我们就会无法接受自己,还会因他人的言语而受伤,也会被他人的赞美所左右,成为一个容易变得脆弱的人。

我们周边的环境无时无刻不在发生着变化。为下周的演讲感到不安,和朋友吵架了心情不悦,等等,即便是面对一些日常生活中常有的变化,我们也会陷入自然的脆弱状态。

不归咎于其他原因,只要改变行动,弥补自身的不足,我们就能马上恢复自然的健康状态。

在我们身边,偶尔也会出现如结婚、离婚、失业、升职等一些不那么日常的变化，与事情的好坏无关，如何灵活应对这些情况也将导致内心的变化。

如果不立刻直面这些问题，而是选择无视，如低落、不安、想法消极等自然的脆弱，就会陷入时而脆弱、时而逞强的恶性循环中。

如果对这些情绪放任不管，任由其发展，渐渐地，即使是一些细小的事情也会让内心摇摆，比如为他人不经意间的一句话而受伤，为对方不回邮件而坐立不安；此外，一些细小的变化也会导致内心摇摆不定。这就是精神状态始终欠佳的表现。

请放心！只要少否定自然的脆弱，就能找回自信。养成把自然的脆弱转化为强大的内心的习惯，无论面对什么样的境况都能泰然处之。

如果能把握精神状态的这四个象限，即使做不到稳如磐石，在面对大多数事情时也能迅速平复心情，回归强大。

> 将内心的摇摆归咎于他人或环境，不方便、不利的事情也不会因此就消失不见。

想责怪他人，
其实是因为自身能力不足

　　心理层面的问题本就不是通过眼睛能看到，或者通过数字能计算出来的，但是如果通过精神状态的四个象限这一模型，看不见的东西也就可以变成看得见且可把握的东西了。

　　如果能够冷静客观地看待精神层面的问题，那么无论发生什么事，我们都能以最小限度的疼痛为代价回归强大。

　　但是要从精神状态欠佳转变为自然的健康状态，在这个过程中会碰到一个巨大的障碍，那就是外部因素。

　　一旦环境发生变化，就会出现一些不适合我们、对我们不利的事情，所以我们的内心才会摇摆不定，而这也是在提醒我们要改变行动，加以应对。

如果将这些都归咎于外部因素，也就是他人等因素，那么我们就无法采取行动，做出改变。长此以往，我们就会一直被周遭的环境所掌控和左右。

话说回来，我曾经也有过这样的时期：遇事总习惯于把责任推给某个人或某件事。那时的我，因为视力问题以及姐姐的去世，对未来如何存活于世感到迷茫和彷徨，更无法直面自身的脆弱，对自己所遭遇的事情桩桩件件都感到愤怒不已。

有一次，我去政府部门办事，因为一件极小的事情就冲办事员发火了：政府部门提供的文件填写栏很小，而且还是用淡绿色字体印刷的，对我来说，这看起来很吃力。

其实这也并不是什么需要大发雷霆的事情，只需要礼貌地说一句"我眼睛看不清，麻烦您帮忙写一下"就能解决了，但是当时的我不知为何，突然变得情绪很激动，感觉他们把我当成了一个傻瓜。

当然，谁都没有把我当成傻瓜。那个看轻我、贬低我的人其实是我自己。

当时的我确实感到十分沮丧，虽然问题的责任也不在我身上，但我还是觉得自己很可怜、很无助。这到底是谁的责任？又是什么事情造成的呢？

现在的我已经很清楚，因为一些意想不到的事情而产生的自卑、屈辱、可悲的感觉只不过是我自身的情绪罢了。并不是因为某个人或某件事才让我有这样的感觉，但是我把一切都归咎于外部原因，这是因为我不愿意直面自己身上自然的脆弱。

发生一件事情会引起我们内心的摇摆，造成这种摇摆的契机可能是他人或环境。这或许是事实，但是让自己有这种感受的却还是自己的内心。

将内心的摇摆归咎于他人或环境，不方便、不利的事情也不会因此就消失不见。

那么造成这些问题的原因在于自己吗？其实也不是。不必因为发生了不方便、不利的事情，就觉得有坏人想害自己。

回忆一下前面讲述的内容吧，自然的脆弱是在提醒我们要弥补自己的不足，也就是在警示我们自己在能力和知识上还存在不足，但这并不是说这些不足就是不好的。

然而，当时的我还是像对待犯人一样把事情归咎于某人，其实这也是因为我一直在否定自己精神状态欠佳这个事实。

无论我将自己的内心状态调整为怎样一种健康的状态，我的眼睛看不清这一事实都无法改变。而且直到现在，有些事依然会让我感觉不方便或者对自己不利。

但是现在的我已经明白，这些事情并不是某个人造成的，当然也不是我自己造成的。

除了一些在生理上无法逾越的障碍，我也一直提醒自己不要把视力模糊作为借口。有些事情之所以发生，是因为我自身能力不足，因此我需要做更多准备，下更多功夫去努力弥补自身的不足。

将原因归咎于他人或环境，这是在找借口。当然，也没有必要觉得是自己的错而感到自责。

当我们碰壁受挫时，即便是发生了一些犯不着生气的芝麻绿豆大的事情，我们的内心也会因为这些小事而摇摆不定。

因为他人或环境而让我们产生这种感觉，这一判断其实并非真实情况。事实上，我们的这种感觉是自身能力不足引发的，而不应该将其视作不好的。只有这样，我们才能承认自己那份自然的脆弱，然后将它转化为强大的内心。

玻
璃
心

不 再 脆 弱 的 秘 密

>﹏<

第二章

接受脆弱是自然的人性

> 不知为何，我们一旦肯定了自己低落的情绪，反而就会变得充满精气神；如果我们承认自己内心的不安，就会突然产生一种安心感。

为自身脆弱而烦恼，
正是认真生活的证明

当我们遇到一些不愉快的事，或者事情进展不顺利，又或者遭遇了不公正的对待时，无论是谁都会感到非常低落。在面对一些重要的事情时，我们也会担忧事情能否进展顺利，这样的情绪都是非常自然的。

因为看到了事情的负面，所以对它进行否定也是正常的。即使在一些消极的情绪中，或者在非常犹豫不决的情况下度过了一段时间，也并不奇怪。

为什么你会否定这种自然的脆弱呢？

虽然我们没有必要在人前表现出自己的低落不安和郁郁寡欢，但是如果在独处时还在敷衍和搪塞这种情绪，会带来怎样的结果呢？你是不是认为自然的脆弱是非常令人羞耻的东西？如果是，那么这是因为你在否定这种情绪，所以你的内心才无法强大起来。

有一位30岁左右的女性跟我说，她因为工作合同无法续约而感到非常低落，虽然也想去找下一份工作，但是完全没有干劲儿。她对此感到非常苦恼，问我："我要怎么办才能打起精神呢？"我问她："你是什么时候知道合同无法续约这件事情的？"她告诉我，是昨天。

我是这么回答她的："昨天吗？那你感到情绪低落是再自然不过的事情了，你再试着低落两三天看看。"

当我们在面临一些不利的状况或是不愿接受的现实问题时，我们会感到非常不舒服，这往往是因为我们想一个人躲进自己的世界里，创造一个不被任何人打扰的环境，静静地把握自己的现状。

她笑着说，还是第一次有人对她说这样的话。之后她跟我说："我好好地低落了一阵，到第二天早晨，我就重新打起了精神，出去找工作了。"

不知为何，我们一旦肯定了自己低落的情绪，反而就会变得充满精气神；如果我们承认自己内心的不安，就会突然产生一种安心感。这种不合理的奇怪现象之所以能够发生，也是因为这就是人的心理。

但是，这绝不是不可思议的现象。低落、不安等各种情绪上的脆弱都有其产生的原因，而这些情绪也是为了保护你而产生的。

> 价值观、经验等各种主观的东西交织在一起，因其自身的原因而让你产生了这种感受。

出现任何感受，
必然有相应的原因

在发现了惶恐不安、郁郁寡欢、消极等负面情绪产生的原因后，承认自己处于自然的脆弱状态，这是非常重要的。那么，我们该怎样非常坦然地承认自己自然的脆弱呢？

首先要理解"必然有相应的原因"。极端一点儿来说，在面对失业、失去家人等事件时，情绪会低落是十分正常的事情，这些事情都是导致情绪低落的原因。

如果是任谁听来都觉得是客观原因导致的情况倒还好，但如果不是这样的情况，又该怎么办呢？例如，给对方发了消息，只过了两三分钟而已，明明系统显示对方"已读"，但对方却没有回消息,你因此产生了不安的情绪。像这样,从客观层面考虑会觉得这种不安已经超过了一定的限度,不知道自己为什么会有这样的感觉,在面对这种看起来难以理解的脆弱时,又该怎么办呢?

即使你觉得自己为这样鸡毛蒜皮的小事而感到情绪低落实在是太丢人了,也必定有让你产生这种感觉的原因,请绝对不要怀疑。

比如,我和朋友约好了下午一点见面,如果我在十二点半还没有到达见面地点,我就会坐立不安,不提前三十分钟到达,我会变得心烦意乱。

举个例子,如果因为碰到电车延迟等导致距离约好的见面时间只剩五分钟,那么我就会感到焦虑。但是我还是能在约定的时间内到达,所以其实并没有必要焦虑,而且如果是和朋友见面的话,稍微迟到一会儿也并不会有什么问题。但不知为什么,我还是会焦虑。如果只考量这部分情况,就会觉得为这样一点儿小事而感到焦虑真是太愚蠢了。

但即便如此，我也深信一定存在让我产生这种感受的原因。我原本就是一个严格遵守时间的人，再加上我视力出现问题以后，我会错过电车，还会坐反方向，也会因为不知道路而四处乱转，或许是因为我有过无数次这样的经验，我才会产生这样的感受吧。

即使发生了意想不到的事情也不会迟到，能够不慌不忙地到达目的地，这会让我有安全感；而与此相对，慌慌张张地赶到约定的地点会让我感到不安。这也是因为我的价值观和经验等各种各样的东西交织在一起，让我有了这种感受。

但是我们也会遇到这样的情况：让你有这种感受的原因，并非从客观上看来任谁都觉得合理。即便如此也要认识到，价值观、经验等各种主观的东西交织在一起，因其自身的原因而让你产生了这种感受。

就算精神科医生和心理咨询师不明白，就算你自己也没有意识到，但是你的情绪知道这种感受产生的原因是什么。

> 就算有多么想理解自己的这种感受却又无法坦然接受,在自己的内心,也一定有让自己产生如此感受的原因。

尊重人会产生自然的脆弱这一事实

我的妻子在 2011 年 3 月 11 日,即发生东日本大地震的那一天,在心理治疗内科被诊断为抑郁症。在这之后的两年里,她暂停了工作,因为引起抑郁的直接原因是劳累过度。

其实在几个月以前,妻子就已经有了症状:她回到家以后,看起来总是情绪很低落,而且也不能好好吃饭,但是酒精的摄入量却在增加。我问了她无数次:"真的没事吗?"她只是告诉我:"没事。"

最终,妻子因为心神不宁都无法乘坐电车了,才不得不决定暂停工作。

之后，我再向妻子询问情况，得知她果然也因为某种原因而不安到无法去上班。

当时，妻子所属的部门正在处理一个非常棘手的项目，无论是谁都做得不顺利。后来，妻子被任命去管理这个部门，她是一个做事非常认真、性格温顺的人，不好意思拒绝或把这个项目扔给别人，所以她就一边忍耐着，敷衍、搪塞着自己内心的消极情绪，一边又非常努力地工作着。

其实，在这之前，妻子就表现出情绪低落、不安、食欲不振、失眠的症状，这些原本都是有警示意义的信号，但是我却没有早一点儿意识到，以至于我后来非常后悔。

或许有的人即使出现了跟我妻子同样的情况，也会觉得反正是搞不定的工作，做不成也没关系；而有的人却并不这么认为。

明明身边的人都在努力，明明大家对这样的情况不会有什么感觉，就算自己不再为如此一件小事感到不甘心，就算有多么想理解自己的这种感受却又无法坦然接受，在自己的内心，也一定有让自己产生如此感受的原因。

面对这种情况，不要去和他人做比较，不要用一般性的见解去猜测，而要尊重自己的真实感受。这才是唯一的真相。

到目前为止，我为很多人提供过咨询服务，从那些能与我好好对话的人身上，我感觉到每个人的情绪其实都有其产生的原因，比如低落、不安、消极等。这些原因从客观上来说，其实是有些难以理解的，但是如果好好听一下自己说的话，就会发现一定是有原因的。这并不奇怪，倒不如说这其实是非常正常的反应，是人就会有这些情绪。

无论是多么难以解释的情绪，你都要相信，这些情绪背后都有它相应的原因，即使找不到非常确切的原因，也不能怀疑这些原因的存在。而且，你要承认这些情绪其实是非常自然的、普通的反应，它们都是为了让你拥有强大的内心而做的准备。

> 在意他人的目光其实是人的社会属性的一种表现，一定不要否定它，也不要敷衍、搪塞它，更无须逞强回避。

在意他人的目光，
也是自然的脆弱

有不少人总会在意别人眼中的自己，当然也有不少人会说"就算被人讨厌也死不了，这种事情不必介意"，但是否定这种在意他人目光的事情却并不少。

但这是不对的，他人的目光是让人感受到死亡般恐怖的、危险的东西，在意这种目光也是很正常的事情。

人类是一种无法独自生存的十分脆弱的物种。人类已经习惯了和伙伴互帮互助、共同生活，所以一旦被集体驱逐，就几乎等于被宣告社会性死亡。

当然，在现代社会，虽然无论被他人如何嫌弃也不会死去，但是对脱离集体生活心存恐惧是我们人类从原始社会开始就已经形成的心理反应。也就是说，在意他人的目光，不想被人讨厌，这是十分正常的事情。

患上青光眼后，我很在意他人的目光。虽然我也试图让自己看起来和常人无异，但还是很难跟人开口说出自己的视力障碍问题。

我也会为一些意料之外的事情感到苦恼。比如在成为某家店铺的会员时，需要填写自己的名字和住址，但我很难区分文字和数字，于是我只有把脸凑到距离申请单2厘米远时才能落笔填写信息，有时候还会把字写出框外。视力障碍导致我的一些举动和普通人差异甚大。

我以前会非常在意他人是不是觉得我很奇怪。当然，我现在也会有在意的时候，但是和以前不一样的是，我不再受他人目光左右。这是因为我已经明白在意他人的目光本就是一种十分正常的反应。

你会在意他人的目光，难道不也是有原因的吗？虽然你不知道具体的原因是什么，但你不会毫无缘由地在意他人的目光。重要的是知道它背后的原因并改变自己的行为，至少要知道你在意他人的目光是十分正常的反应。

如果只是告诉自己"不应该在意他人的目光""不必介意"，总是否定这种自然的脆弱，就只会引起对自我的否定，这样反而会让自己更加在意他人的目光。

在意他人的目光其实是人的社会属性的一种表现，一定不要否定它，也不要敷衍、搪塞它，更无须逞强回避。

首先，请从言语上开始，承认自己害怕被他人讨厌的事实吧。

> 有一个消除这种忧虑的办法,那就是用自己擅长的某种技能去帮助他人。

你是不是希望讨好他人

"我害怕被人讨厌""如果被人觉得很古怪怎么办""我很在意别人是怎么看我的",这种在意他人目光的心理绝不是什么离谱的事情。

身处这个人际关系会影响生死存亡的社会之中,为了适应这种环境,我们的内心被相应地塑造起来了。虽然程度有所不同,但没有人是完全不在意他人的目光的。

如果不在意他人的目光,就不会去化妆打扮,不会去挑选衣服,也不会去追逐潮流,努力修饰自己的外表了。至少大家都是一边在意着他人的目光,一边又与自然的脆弱共存着。

那么，我们该如何处理这种人类普遍存在的"介意他人目光"的倾向呢？

首先，绝不能有"为了讨好别人而过度努力"的目标。

别人是怎么评价你的？这顶多也就是个结果而已。如果总想着让别人喜欢自己，就会活在他人的目光里，任其摆布。这才是真正的本末倒置，会让自己变得更加在意他人的目光，进而滋生出更加畸形的心态。

在意他人的目光，是由于自己在担心是否遭到了他人的厌恶，是否不被人需要，不被人期待。这样的忧虑也是在向你发出警示信号。

就算无视、消除、搪塞这种忧虑也无济于事，因为它会不断地困扰你。有一个消除这种忧虑的办法，那就是用自己擅长的某种技能去帮助他人。如果因此获得了对方的好感，就证明你被人所需要、所期待。也就是说，只有改变自己的行动，才能消除这种内心的忧虑。

在患了青光眼之后的几年间，为了不遭人厌恶，我拼命地去讨好别人。

因为我的眼睛能接收到的信息很少，所以比起其他人，我的工作速度总是很慢。因此，我总觉得自己要比别人做出更多的准备，要进行更多的思考，才能弥补这个缺陷。

但是，有一天我忽然意识到一个问题：我无论怎么努力，都无法让自己显得像个普通人一样。既然如此，我也就没必要去掩饰自己眼睛存在问题的事实，倒不如索性利用这一点去找到一条能够受此裨益的生活道路。

都说眼睛看不见以后，听觉反而会变得更加敏锐，而我的情况是，不仅听觉的敏锐度提升了，而且像心理这种看不见、摸不着的东西，也就是抽象的东西，也变得可视化了。

于是我利用这些优势，开始了咨询师、研修讲师的工作，也就是用自己擅长的某种技能去帮助其他人，并为他们所需要，得到他们的肯定。渐渐地，我不再为在意他人的目光这种自然的脆弱而感到烦恼不安了。

如果我也把"不被人讨厌，讨好别人"作为自己的目标，去掩饰自己的缺陷，那么我或许直到现在都会因为得不到他人的正面评价而感到自卑，而心理也总是处于扭曲的状态吧。

在意他人的目光并不是什么奇怪的事情，这是一种合理存在的东西，是一种自然的脆弱，没有必要急于消除它，也没有必要勉强自己去讨好他人。

在你力所能及的事情上帮助他人，以此来获得他人的好感，自然也就不必受他人的目光所控制，也无须为此而烦恼。

> 我们之所以会陷入不安情绪,并不是因为我们内心脆弱,相反,它代表着我们擅长危机管理,拥有十分优秀的心理素质。

承认内心的不安,才能消除不安

很多人都在寻找消除不安的方法,当然我也能理解这种行为。

我自己也有过这样的经历:对人际关系感到不安,对独自外出感到不安,对未来感到不安,对一切都感到不安,以至于被困在原地,无法动弹。

但这些不安的情绪,无论哪一种都有其产生的原因,不用像对待敌人一样远远避开,应该和它们成为好朋友并让其为自己所用。

可以将不安的情绪理解为像汽车导航仪一样的东西。我们在汽车导航仪上设定了终点后，它就会自动为我们导航到目的地。就算我们中途开错路了，导航仪也会为我们指明如何回到正确的道路上。这时，导航仪似乎是在提醒我们"如果再这样开下去的话可就到不了目的地了"。

不安的情绪也是一样的，它是在提醒我们要修正自己的行动。如果无视不安发出的警示，忍耐着、硬撑着熬下去，就好像是在用坐垫把闹钟盖住一样，不过是在企图蒙混过关。

因为否定了那些合理存在的自然的不安情绪，结果酝酿出了更大的不安，我把这更大的不安称为"不安之魔"。按照我自身的经验，为不安而烦恼的人之中，有90%的人的不安情绪属于"不安之魔"。

我曾经担任过一位拳击选手的咨询师，当时他找到我是想让我帮他消除内心的不安情绪。

他原本是一位体能和拳击技术都十分强大的选手，然而因为在一场原本不可能输的比赛中被打败了，从此，内心的不安导致他无法大展拳脚，结果屡战屡败。

"如何才能消除内心的不安？"他做了非常多的调查，也尝试了各种各样的方法，比如职业棒球选手萎靡不振时接受的治疗方案，摆脱不安的心理暗示，等等，但是无论什么办法都无法让他摆脱比赛前的焦虑不安。

"只要不消除我内心的不安，我就感觉自己无法取胜。我已经不知道该怎么办才好了。"可以说这是一个"不安之魔"的典型案例。

刚见到他时，我问了他这样一个问题："为什么你的不安会越来越严重，你知道原因吗？"结果他一脸茫然，回答说："或许是因为我内心脆弱吧。"

但原因并非如此，而是他一直在否定每个人都会有的自然的不安，而且在不断地伪装坚强，所以才导致他内心的不安越积越多。

让我们冷静地好好想一想，被那种"可能又会打输比赛"的不安所追赶，难道是很离谱的事情吗？更不用说在面对一些重要比赛的时候了，感到不安是再正常不过的事情了。换句话说，感到不安才是面对比赛时该有的状态。

对于他来说，面前只有两个选项：要么逃避，要么战斗。也就是说，要么弃赛认输，让人失望；要么赢得比赛，不负众望。

这个时候，最重要的就是如何规避危险，并做出果断的抉择，而不安的情绪其实是在为他做出抉择提供一个重要的动机。

曾经的他完全没有意识到自己其实一直在否定不安的情绪，这是因为他的教练一直告诉他"之所以感到不安，是因为你内心脆弱"。正是因为身边人的重重强压，他才一直在否定自己内心的不安并故作坚强。

通过和我的对话,他似乎意识到了"不安更像是自己的伙伴"。比赛前一周,他说:"当然,我内心有不安,我害怕输掉比赛,但是现在的我不会再因为感到不安而自认为内心脆弱了。"

无论怎样改变自己的行动,即使增加练习量,思考新技术,分析对手的战术,等等,也不可能将不安的程度降至零。

总之,无论做了怎样的准备,自然的脆弱都会在我们心中留存。这一点无论是在运动方面、工作方面,还是在人际关系方面都是一样的。

但即便如此,我们依然要遵循内心的不安,把该做的事情都做好。如此一来,我们就会产生一种感觉:"我已经把能做的事都做了。"我们对自己的信心也会渐渐提升,这就是内心的强大。

说回他的比赛结果，虽然是判定胜利①，但这也是他久违的胜利。

不安不是恶魔，也不是敌人，它是我们的伙伴，是为了让我们安全存活于世而时时刻刻在为我们导航的领航员。

我们之所以会陷入不安情绪，并不是因为我们内心脆弱，相反，它代表着我们擅长危机管理，拥有十分优秀的心理素质。为了学会利用这一点，更好地生活下去，首先就要意识到，当下自己的内心确实有着不安的情绪。

---

① 在拳击、摔跤、柔道等比赛中，当过了规定时间仍不分胜负时，裁判员会根据比赛形势判定胜负，亦指裁判员的判定。

> 一边想着"真的会没事吗",一边又极力让自己放下心来。不用说都会明白,在这个过程中,内心的不安其实只会加重。

内心不安时,
不能过度思考

对即将发生的事情能否进展顺利而感到不安,这是一种非常自然的情绪表现。

如果忽视这种情绪,试图去消除、混淆、否定它的话,内心的不安情绪反而会不断被放大。为了防止自己内心滋生"不安之魔",就需要尽早采取措施加以应对。

内心不安时最不应该做的事情就是过度思考,也就是想太多。

预想最坏的结果,查找事情的原因,这些多多少少都需要我们花力气去思考。先不说预想的和实际发生的之间会产生差异，光是在头脑中思考如何才能让自己安下心来就够折磨人的了，一边想着"真的会没事吗"，一边又极力让自己放下心来。不用说都会明白，在这个过程中，内心的不安其实只会加重。

譬如当初新冠病毒日渐扩散的时候，尤其是志村健先生[①]去世以后，向我倾诉不安的人一下子多了很多。这是因为大家从小就十分熟悉的志村健先生一下子就从他们的世界里消失了，他们感知到了"危险近在咫尺"的警示信号，因此变得惶惶不安，其实这是十分自然的反应。

问题在于，虽然我们能做的事情有限，但我们却思考得太多。我们是不是花了太多时间根据自己通过电视和网络泛泛得知的消息进行思考？如果是这样，那么我们变得越发不安就是再正常不过的事情了。

---

① 日本著名喜剧演员。

所谓不安，就是在提醒我们要在危险到来前做好准备。

让我们回想一下人类的狩猎时代。例如，有人意识到今年冬天和去年冬天相比要冷得多，于是他会担心自己能否安然无恙地度过这个冬天。他最需要的恐怕是毛皮吧，粮食储备也要增加——他会特地将自己内心的不安都思考一遍。

问题在于，思考完之后呢？是根据不安改变行动，还是就这样不停地思考下去？

正确的解决方式当然是前者，即改变行动。

无论进行多少"这样下去没问题吗"之类泛泛的思考，也无法解决眼下的问题；就算进行了深刻思考，内心的不安也不会就此消失。实际情况明明已经发出了让我们采取行动的警示，可我们最后还是光想不做，这就是我们会陷入烦恼的原因。

当因台风靠近而感到不安时，就应该去关闭窗户，确认物资储备充足，这时候最应该做的事情就是不要过度思考，而是要将所思所想转化为行动。当我们为下周的演讲能否进展顺利而感到不安时，就应该去反复阅读资料，练习演讲，将不安转化为行动。

动动手，动动脚，总之，关键在于让身体动起来。

我自己也很容易陷入不安的情绪里，我也格外注意这一点。本来我只是打算稍稍思考一下的，结果还是思虑过多，以至于陷入了烦恼之中。当我意识到这个问题后，我会采取实际行动去寻找应对策略。

承认内心的不安，找出让自己不安的原因后就采取行动吧。仅仅通过这一个小小的举动或许就可以将不安控制在最小范围内。

> 去做该做的准备,即使感到不安也要去做该做的事情。

感到不安也没关系,
同时采取行动就好

心里有担忧时,面对一些重要的事情时,我们总会担心事情能否进展顺利,这都是很正常的反应。不安是令人不快的情绪,想消灭不安情绪的人也不在少数。

但是,我希望大家注意的是,消除不安这种想法本身其实反而会加剧内心的不安。

曾经有一位女性向我倾诉:"我要做一个全身麻醉的手术,真的没问题吗?我感到非常不安。"确实,她会感到不安,这一点儿也不奇怪。

接着,她继续告诉我:"我跟丈夫、医生和护士都商量过了,但是他们都跟我说'没事的,不要担心'。"

其实她对手术本身已经很担心了,再加上没人理解她的这份不安,所以她感到更加害怕了。如果我们试图将不安的情绪清零,就会引起这种不安情绪层层叠加。

"会感到不安也是没办法的事情。如果是我,就算没达到您这种程度,我也还是会感到有些不安的。"首先,我对她的这种自然的不安予以肯定。

于是,她便用稍稍沉静一些的口吻说道:"是啊,就算感到不安也没关系,但是我该怎么面对自己内心的不安呢?"

"没关系,什么都不用做。为什么这么说?因为负责做手术的是医生,您带着不安的情绪睡着就好了。"听完我的话后,她的声音变得更加沉稳了。因为她的不安得到了肯定,这让她感到轻松了许多。

随后，她说的一句话让我印象十分深刻："是啊，我之前总是在钻牛角尖，想把内心的不安消除掉。"

所谓不安，是一种想要对未来即将发生的事情做出准备的情绪，所以我们应当尽可能地做好准备，避开危险。

但是准备也是有限的。实际上，无论做怎样的准备，都无法确保万无一失。这和手术、演讲、老年生活是一样的，必定都会在内心留下一丝不安。

如果你觉得必须将不安清零，那么你恐怕很难生活得平静安稳。为了消除心头的不安，反而徒增更多烦恼，从而导致不安情绪层层叠加，这才是问题所在。

实际上，我也会在大型演讲的前几天感到不安，甚至还会在前一晚夜不能寐。

但我并不会觉得这是什么奇怪的事情。做了该做的准备后，内心残留的那一丝不安就好像远足前一晚的雀跃的心情一样。其实两者并没有什么差别，就是挑战未知事物时的一种感觉罢了。

想要消除不安，反而会让不安愈发膨胀。残留一丝不安是十分正常的事情，没有必要将其完全清除，保持现状即可。

因为一些事情而感到不安其实是十分健康的象征，没有将不安完全清除的必要。去做该做的准备，即使感到不安也要去做该做的事情。为了不给自己徒增烦恼，只需要承认内心的不安就好了。这样一来，也就不会因为一些无用的担心而白费时间和精力。

> 这种感觉其实和肌肉疼痛是一样的,多次重复后就会逐渐习惯,精神上的疼痛感也会越来越轻。

适度的精神痛苦就像肌肉酸痛,有助于成长

无论出于什么理由,情绪低落、内心不安都是令人不快的,它们都会让我们感到精神上的疼痛,或许我们也都想尽可能地回避这种情绪。

但是这就好比想增加一些肌肉,却又回避锻炼肌肉后产生的疼痛感一样。如果不愿意承认自然的脆弱并接受它,那么就无法培养出强大的内心。

例如,在工作上犯了错误,被上司训斥了,因为这件事而感到情绪低落是十分正常的事情。将无助的自己伪装成若无其事的样子,反而会感到很痛苦吧。但是,正是因为我们

能感觉到精神上的疼痛，才会意识到要去做出弥补，加以改进。

为了减轻精神上的疼痛，就去说上司和公司的坏话，忘记自己犯错的事实，这样是无法通过弥补错误来获得自身成长的。

我在前文提到过，人类的身体是通过很多补偿作用才形成的。肌肉疼痛和超量恢复之间的关系就是一个典型例子。做了剧烈运动后，肌肉纤维就会受损，这说明身体难以承受负担。如果肌肉能够说话，想必它会说："如果要做这么高强度的运动的话，就必须再增加些肌肉。"

面对环境的变化，人体产生了弥补缺陷的行动机制。好好休息，摄入充分的营养，几天后肌肉纤维就会稍稍变粗并恢复到原来的状态。这就是所谓超量恢复。同理，这种情况也会发生在心理层面。

你内心脆弱，无法承受环境变化所带来的负担，这是因为你缺乏精神上的肌肉。而这也是你一直以来无视情绪低落、不安这种自然的脆弱以及精神上的疼痛所造成的。

承认疼痛就是认识到自身的不足。能够因为自身能力不足而产生危机意识，就会想采取行动来加以改变，并且一定能通过弥补不足而获得成长。

如此一来，即便再次发生同样的事情，你也不会像过去那样感到痛苦了。面对环境的巨大变化时，发生不合情理的、混乱的事情时，你也能够泰然处之了。这是获得强大内心的唯一方法。

我并不排斥自己所感受到的自然的脆弱、精神上的疼痛。为什么这么说呢？这是因为我坚信，在经历了这些疼痛后，我会变得更加坚强。

比如，我负责的研修工作有时会收到负面评价。读这些评价会让我感到痛苦，而承认这些评价会让我更加难受。结果，我就想把责任推卸给听讲的人——你真的有好好听吗？

单纯地感到低落是一件需要勇气的事情。但即使需要花费很多时间,如果我能够承认这是由于自身能力存在不足,我就会去思考自己能否讲得更加深入浅出,以便大家更好地理解。

好在我没有逃避这些精神上的疼痛,也没有将原因推卸给他人,而是不断弥补自身能力的短板。这一切都让我的内心变得更加强大。

在不断重复做这样的事情后,我感受到的疼痛程度变轻了,面对一直以来让我感到力不从心的事情,我也敢于去挑战了。更重要的是,我不再惧怕受到精神上的伤害。

或许一直以来,你都将"凡事都要积极乐观"作为自己不可撼动的信条,而用伪装的强大去掩饰自己自然的脆弱。

我们确实会因为一些不愉快的事情而感到低落不安,而直面这样的自己则更加令人痛苦。但是这种感觉其实和肌肉疼痛是一样的,多次重复后就会逐渐习惯,精神上的疼痛感也会越来越轻。

如果一个长期不运动的人突然开始锻炼肌肉，他在初期一定会感到非常强烈的肌肉疼痛。同理，如果一个人一直以来都在回避内心自然的脆弱，在刚开始面对它时也会感到非常痛苦。

但请放心！在多次重复后，你所感到的疼痛会减轻，只要你意识到自己的精神在变得更加强大，你就会发现面对自己内心的脆弱也不再是一件令人不快的事情了。

㊣玻
㊣璃
㊣心

不　再　脆　弱　的　秘　密

><

第三章

不要勉强自己去否定和逞能

> 我们的内心并非机器，情感并不是像汽车一样的机械，只有把它当成有意义的、"活着"的东西，我们才能更好地面对它。

不要生硬地控制自然的情绪

经常会有人问我："如何才能更好地控制自己的情绪？"

其实情绪是一种自发的东西，如果妄想去控制这种东西，往往就会吃苦头。虽然心里想着"不能再这样低落下去""要尽快打起精神"，可是总也无法落实到行动上。越跟自己说"不要紧张"，越会变得心力交瘁。

我们总想着控制自己的情感，却往往无法如愿以偿，所以还不如说我们一直在被情感所左右着。

那么，到底是什么原因令我们无法自如地控制自己的情感呢？理由很简单，因为我们把"控制"这个词误解为事情的进展会按照我们的设想进行。

举个例子，如果想好好地控制汽车，就意味着让它按照我们的设想去行进。方向盘转多少角度，如何转动轮胎，如何控制油门，怎样改变速度……只要了解了机械原理，剩下的就是练习了。总之，按照我们设想的方式控制汽车并不难。

我过去一直以为对情感的控制也是如此，便做了无数次练习，可结果都不尽如人意。

有了这些经验后，我才意识到自己犯了一个致命的错误。这个错误其实非常单纯，那就是我们的内心并非机器，情感并不是像汽车一样的机械，只有把它当成有意义的、"活着"的东西，我们才能更好地面对它。

举个例子，情感就好像骑马时乘坐的马一样，擅长骑马的人会将马视作机器吗？如果骑手将马视作机器，想必也是很难骑好马的。

不妨站在马的立场上想想吧,面对把自己看作无生命的物件的骑手,马的内心恐怕也不会有什么好滋味吧。

既然骑手对马感到惊恐、害怕、厌恶,和马之间毫无信赖关系,那么马不听骑手的指挥当然也是再正常不过的事情了。所谓骑马,就是一项骑手与马成为一个整体,与马共同合作的运动。

驾驭情感也是如此。如果思考与情感无法融为一体,人就无法跨越眼前的障碍。

要尊重情感的存在,与之对话和合作。所谓控制情感,就是承认自然而生的情感,然后力往一处使。但是大部分人都在与情感搏斗,试图压抑它,他们误以为这就是在控制情感。

情感的力量并不脆弱,并非靠压抑就能控制住。被情感所左右也只是时间长短的问题。在你的心里，只要思考与情感始终在相互拉锯、博弈，那么要想逾越人生中遇到的障碍就不是一件易事。

把活着这件事看作一项与情感共同合作、克服困难的运动吧。

在我们的人生道路上会出现很多障碍，如工作、夫妻关系、育儿、金钱、健康等问题，情感是给予我们跨越这些障碍的能量或动力。

情感是一位在我们人生中如影随形的重要同伴，要结束与情感的搏斗，与它形成合作关系。如此一来，无论是怎样的障碍，我们都能轻松逾越并向前迈进。

> 减少用不自然的"必须"来做无用的自我否定的行为,关键时刻用自然的"必须"来重拾信心。

了解"必须"的三种类别,加以区分使用

"必须……"这句话对决定自己的行动具有很强的指示作用,但是一旦搞错了它的使用方法,反而会让自己情绪低落,感受到压力,所以在说出口时一定要多加注意。

所谓"必须"往往会给人造成一种不好的感受,例如,"必须成为一个好家长""必须保持微笑""必须早起""必须保持快乐""必须努力"。这些话往往都容易脱口而出,但是一旦转化为文字就变得像脚镣一样,让人感到有些沉重。

其实这些都并不是"必须要做"的事,而是"如果能够做到便再好不过了"的事。

也有不少人因为有太多"必须要做的"事而感到巨大的压力,其中还有一部分人因为规定自己"不能说'必须……'"而将自己又一次束缚起来。

实际上,在这些"必须"之中,也有自然的和牵强的东西,是完全可以将其分门别类地区分开来的。如果了解了"必须"的种类并区别使用,就不会再做无用的自我否定,也就能找到采取行动的动力了。

第一,束缚感情的"必须"。

例如,"必须保持心情愉悦""必须保持微笑""必须关爱他人""必须做一个温和的家长",像这种强行让自己产生某种"自然的情感"并获得由此带来的结果,就是一种非常荒谬的、生硬的行为。

希望自己的日子能过得轻松愉悦,这是一种非常自然的情感,但是能否如愿则全凭心情而定。况且笑容如果没有安心感与信赖感这种自然的情感作为基础,最后也只能是强颜欢笑。

就算可以在口头上说出"我爱你",但就好比待在凉快的地方不会出汗一样,让爱情无中生有也是不可能的。那些扭曲了自然而生的情感的"必须",十有八九都会无功而返。

那么,在这些"必须"面前,如何面对做不到这些"必须"的自己呢?我们往往会像面对破坏规则的犯罪分子一样责备自己。在事情进展不顺的同时,对自己的否定也变得越来越多。

请停止做那些束缚情感的"必须"之事吧。

第二,束缚行动的"必须"。

例如,"必须去公司""必须早起""必须减肥",这些都不是情感层面的"必须",而是针对具体行为的"必须",但其中也包含了"其实并不想这样做"的并非自然而生的

"必须"。

我在一所大学做学生咨询工作时发生过这样一件事情。有个男生跟我说:"因为找工作的事情,我内心遭受重创,去学校也变得很痛苦。"详细了解下来,是因为他认为自己必须拿到父亲认可的大公司的录用通知才算合格。我并不否定做符合父母期待的事情,但是要以这种并非自然而生的动力去找工作,进展不顺利也在情理之中。

束缚行动的"必须"之所以很棘手,是因为没有伴随自然的情感,导致人的行动最终会流于形式。但即便采取了实际行动,令人遗憾的是,人往往会表现不佳。实际上,那个男生也说自己虽然通过了简历筛选环节,可是在每家大公司的面试环节都被淘汰了。

"其实不想去做,却又不得不做",这种情绪的关键就在于一切都不是自己的意愿。

有很多人虽然嘴上说着"必须减肥",可是无法长期坚持下去。而他们之所以采取行动，往往也是因为某人的一句"还是减减肥比较好"。

当你意识到了束缚行动的"必须"后，可以先确定一下自己的意愿，问问自己："我是真的想这么做吗？"

第三，鼓舞行动的"必须"。

"必须达成本阶段的目标""必须通过资格考试""必须执行到底"，这些是针对具体行动的"必须"，这些行动背后也都有着十分明确的目标，是一种非常自然的"必须"。

即使是一句几乎一模一样的"必须减肥"，根据它是否具有明确的目的，可以分为束缚行动或鼓舞行动，其性质会发生根本性的变化。

有一位女士跟我说："我在网络上认识了一位非常优秀的男士，我必须减肥。"结果，她体重原本70千克左右，居然在5个月内减到了50千克左右。她说："因为有这份执念，所以我做到了。"

在挑战困难时，我们难免内心受挫。但是那些鼓舞我们采取行动的"必须"，会让我们想起自己的目标，给我们提供坚持到底、不放弃的动力。

好好区分上面这三种"必须"吧。

语言可以成为强大的武器，也会成为伤害自己的利刃。自己脱口而出的"必须"到底属于上面哪一种呢？只要明白了这一点，我们就会减少用不自然的"必须"来做无用的自我否定的行为，关键时刻用自然的"必须"来重拾信心。

> 带有许可意味的"也可以"能够有效缓和这种过剩的不安与紧张，它会带给人一种被允许和肯定的感觉。

用有允许意味的话语，缓和不自然的"必须"

有时，事情进展不顺的一个原因是过于不安和紧张而用力过猛。

例如，"必须让对方喜欢自己""必须做个好家长"等，如果总是说这些不自然的"必须"，就会过度担心自己会不会做不到这些事情。

有人跟我说："我阅读了很多育儿书籍后，也做了各种各样的尝试，但是无论做什么，结果都事与愿违。"或许是因为用力过猛，他始终在原地打转。

所谓不自然的"必须",打个比方,就像是在用本不存在的法律来惩罚自己一样——限制、履行义务、禁止和处罚。因为害怕犯错,身心都倾尽全力,事情却进展不顺。

这种时候,不妨将"必须"的部分替换成"也可以"这一带有许可和赋予权利的话语。

把"必须做个好家长"替换成"也可以做个好家长",把"必须运动"替换成"也可以运动一下",把"必须成功"替换成"也可以做成功"。

这样一来,话语中包含的义务、禁止和压力的色彩是否会变淡一些?

当然,如果不良的生活习惯导致了患病[①]却不运动,会造成严重的后果。重要的不是说什么,而是采取行动,说了

---

① 日常不规律的饮食起居、运动不足、压力等造成了疾病,如癌症、心脏病、脑梗死、糖尿病等。

什么其实毫无意义。

因为一些过于强硬的不自然的语言而让自己产生不安、紧张的情绪，结果内心战战兢兢，这才是真正的问题所在。

重要的是用身体能够感知的方式去缓和被不自然的"必须"所强化的恐惧、不安和紧张。

所谓"必须"是一个带有限制性意味的词，它会让人感受到禁止与义务，也会使人变得更加不安与紧张。因为这种情绪太过强烈，以至于人的内心无法追上它的脚步。

带有许可意味的"也可以"能够有效缓和这种过剩的不安与紧张，它会带给人一种被允许和肯定的感觉。

举一个简单易懂的例子："必须睡觉。"

保证充足的睡眠对于身心健康来说确实是不可或缺的，但是如果太在意睡眠这件事，反而会睡不好。这是因为这种过度的在意所产生的限制、强制和义务会让人感到不安和紧张。因不安而精神紧张的人真能睡得香甜吗？

对于那些跟我说"明明必须睡觉，却睡不着"的失眠者，我会告诉他们："并没有到了晚上就必须睡觉的规定，仅仅是可以睡觉而已。"

关键就在于让义务回归权利的位置。一旦将限制改为许可，不安和紧张的情绪就能得到缓和，很多人就能睡着了。

前文提到的那个大学男生在找工作时也曾陷入困境，因为不自然的"必须"，他内心一度紧张不安到了极限。"明知道必须找工作，却毫无干劲。"别说被父亲所认可的大公司录用，他就连采取行动都变得十分艰难。

"并不是必须找工作，可以不找，当然也可以找。而且就算不是父亲所期待的公司也无所谓，因为有很多人都是这样的。至于如何才能让你父亲理解你，等你被公司录用后再考虑就行。"我不断地改变他内心的禁止和义务，给予他许可,并不断告诉他,他拥有自己做决定的权利。

最后,他找到了一家让自己产生"想在这里工作"的念头的公司,虽然差点没赶上毕业招聘季,但他最终还是收到了录用通知。"不管父亲说什么,这是我自己的人生!"最后他靠着自己的力量从当初让他十分烦恼伤神的不自然的"必须"中挣脱出来了。

在现实生活中,我们也总会因为一些不自然的"必须"而无奈地改变自己的行动。

不安与紧张的情绪,可以说是"高不成,低不就",太多或太少都不好。而问题往往发生在这种情绪过剩的时候。

发现了不自然的"必须"后,试着将其替换成"也可以……"这一带有允许意味的语言。这样一来,不安与紧张的情绪不仅会得到缓和,我们也能更好地利用自然而生的动力和发挥本来的实力。

> 那些表面积极的人，如果想着必须保持积极，那么最终就很容易去否定自然的脆弱，甚至达到执拗的程度。

别用浮于表面的积极打迷糊仗

积极的语言确实能给予我们力量，但如果只是浮于表面的语言，反而会削弱我们的力量。

画家毕加索曾说过："如果觉得自己能做到，那便能做到；如果觉得自己做不到，便也就做不到。这是颠扑不破的绝对法则。"

毕加索这一生留下的作品，包含版画和雕刻作品在内，有4万件之多，也就是平均每天创作至少1件作品。所以这句话出自毕加索之口，有一定说服力。

我经常会在写心灵励志类书籍和进行企业研修讲座等场合引用这句"如果觉得自己能做到，那便能做到；如果觉得自己做不到，便也就做不到"，这也是积极语言的一个范例。但事实果真如此吗？说到底，这句话本身就有点儿说过头了。

　　这句话中的"如果"是一个表示条件的接续词，但是在原文中完全没有表示条件的意思。"He can who thinks he can, and he can't who thinks he can't."原文句意为"有人认为自己可以做到，有人认为自己做不到"，只是说了一件再自然不过的事情罢了。

　　这就好像是在说"觉得自己能做到"或者"说自己能做到"成了充分条件一样，这纯粹是一种谬论。

　　结果，人一生下来就被要求保持积极向上的状态，对于"内心想逃避"这种自然的脆弱情绪也没能觉察到，最后只是成了一个在语言上乐观的、表面积极的人。

表面积极只是一种内心纠结的表现。思考与情感变得不协调，而情感又会拖思想的后腿，所以人就会变得越来越感情用事。继而，面对这样的自己，人会觉得自己很可怜、羞耻、糟糕；然后会否定自己；接着，低落不安、郁郁寡欢的情绪也会更加膨胀。事实上，现在这种表面乐观的人的数量正在急剧增加。

　　有一位女性就职于一家禁止发表消极言论的创业公司。"说实话，被强制要求表现得积极向上真的很痛苦，有时候也想发发牢骚。"

　　有一天，她没有勇气坐上通往公司所在的新宿方向的山手线，但她觉得"这样的事情实在是说不出口"，于是，虽然从池袋到新宿原本只需十分钟就能到达，但她故意往反方向坐了一圈，用仿佛爬行一样的速度，花了将近一个小时才到了公司。这明显就是在忍耐。

　　果然，到了公司后，她依旧无法沉下心来工作，最后还是辞职了。说起来，这家公司到底为什么要强制员工保持语言和行动上的积极性呢？

那些表面积极的人，如果想着必须保持积极，那么最终就很容易去否定自然的脆弱，甚至达到执拗的程度。

否定这种脆弱的感受就好像是让人在大夏天忍住不出汗，或是产生尿意时忍住不上厕所一样，然而明显凡事都是有个限度的。

把明明存在的事情说成不存在，这只是一种扭曲的逞强，就算可以强制一时的言行，但是对情绪和情感的强制是绝对不可行的。

如果一直维持这种表面的积极，情感就会发起反抗。一旦情绪崩溃，又该如何收场？

情感之所以会如同恐慌发作一样出现强制释放，是因为要保持表面积极，就要扼杀自然而生的情感，强行让它保持沉默，但情感又怎么会长期这样乖乖听话呢？

我本无意否定那些积极乐观的人，但强行让消极的人保持乐观就合理吗？我并不否定人们飞向崇尚乐观的美好蓝图的行为，但是希望读者朋友们也能够意识到，其实这种表面积极会让人活得很辛苦。

消极与积极就像是单车的两个轮子。前者让我们做好准备，防患于未然；后者则给予我们拥抱不确定的未来的勇气。两者没有好坏优劣之分，在我们的人生中，这两者都是不可或缺的，只有两者并肩前行，我们的人生才能取得平衡。

如果你正沉迷于表面积极，那么首先就要戒掉用语言去回避那些自然而生的脆弱情绪，要去倾听情感发出的声音。只有这样，你才能拨云见日，找到解决问题的办法。

第四章

借助情感的力量,内心自然会变强大

第四章

> 要在这种情绪尚处于萌芽状态时就领会它的警示意义，或是回避，或是应对，总之就是要以最快的速度采取行动来满足情感上的需求。

负面情绪
是人生的导航仪

每个人都会有与生俱来的脆弱，这是必然会经历的疼痛，也是一种为了保护我们的安全而存在的防御机制。遵循情感的指示，采取相应的行动，我们便能活得更安全。重要的是要明白情感在发出怎样的信号。

可以将情感和感觉视为像导航仪一样的指引系统。我们的目标是长期安全地生活下去。

就像我们会努力避免迷路一样，情感和感觉也会提醒我们"去那里很危险""这里更安全"，它们总是在用各种各样的信号为我们做出指引。

情感可以粗略地分为两类：一类是接近，也就是促成双方靠近；另一类是回避，也就是远离对方，以及寻求应对策略。

积极的情感指引我们保持现状，继续前进，去靠近更加安全的东西；反之，消极的情感则告知我们"此处有危险"，提醒我们要回避或应对。

举个例子，有人会因为要在很多人面前演讲而感到不安，其实这是在提醒他如果因为说奇怪的话而遭人讨厌、被人鄙视，那就麻烦了。

想必你也是这么想的吧。你或许会说"但我不想感受负面情绪"，有这种想法其实也并不奇怪。低落不安是让人不愉快的情绪，但正是因为不愉快，它才产生价值。

例如智能手机发出的地震警示音，这个声音会让人感到非常不舒服，就算是在香甜的睡梦中也会被突然惊醒而跳起来。如果响起的是一段让人心情平和舒畅的旋律的话会如何？一旦遭遇大地震，人很有可能会来不及逃跑而陷入危险的境地。

由于我是一个很容易就感到低落和不安的人，所以一直以来都在努力压缩陷入这种情绪的时间，你是否也是这样？

那么就更要在这种情绪尚处于萌芽状态时就领会它的警示意义，或是回避，或是应对，总之就是要以最快的速度采取行动来满足情感上的需求。

> 如果在烦躁阶段就能意识到这个问题,就能在内心感到不安前做好准备。

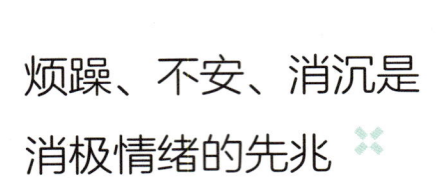

烦躁、不安、消沉是消极情绪的先兆

你或许也曾隐隐地感到战战兢兢、惴惴不安、郁郁寡欢吧,这些感受其实就是消极情绪的先兆。

比如,对明天的工作感到不安,为他人说的某句话耿耿于怀,或是觉得自己说了不该说的话。虽然这种情感说不清、道不明,但是总感觉到战战兢兢、惴惴不安、郁郁寡欢。

2020年3月,由于新冠病毒的扩散,向我倾诉这些感受的人一下子多了很多。比如"坐电车时感觉战战兢兢的""走在热闹的街头,整个人都感觉惴惴不安""下周就要出差了,总感觉自己郁郁寡欢"之类的。

如今,人们在习惯了保持社交距离后,才明白其实这些情绪都源自对新冠病毒的不安与害怕。在我们有意识地去思考这件事之前,情绪其实已经在提醒我们——有可能会感染,不要掉以轻心。

我犹记得自己二十几岁时还是个小职员,每周星期日的晚上,不知为何,我总会变得惴惴不安的,或许这种情绪是在提醒我要为第二天的工作做好准备。

尤其是一早就要出差的工作,或是即将要在很多人面前演讲的工作,总之就是在一些让人紧张的事情发生之前,我就会变得坐立难安。

战战兢兢、惴惴不安、郁郁寡欢的情绪,是让我们在危险来临前做好准备,保持清醒状态。举一个简单易懂的例子,就好像是在狮子时常出没的地方,人要躲起来以避开危险,也就是进入"回避危险模式"。

在这种模式下，我们的思想会变得狭窄局促，除了回避危险以外的事情在我们听来全是"噪声"，所以即使是一些鸡毛蒜皮的小事也会让我们变得烦躁不安。如此一来，正常的饮食起居、休息放松也变得很困难了。

这种烦躁的情绪其实具有非常优秀的预警功能。随着环境的变化而发生了一些意料之外的事情时，产生能够促使人去逃避的消极情绪也是十分正常的。如果在烦躁阶段就能意识到这个问题，就能在内心感到不安前做好准备。

且不说别的，只要能找出自己产生这种情绪的原因，内心就能平静下来。请想想昨天发生的事情，以及明天之后即将发生的事情，你就能找出是什么事让你感到烦躁。如果能明确知道自己烦躁的原因，也就不会受这些烦躁情绪所左右了。

> 如果向外寻找自身烦躁不安的原因，之后就会对这个原因再次采取"回避危险模式"，结果就开始了烦躁与紧张的恶性循环。

维持"回避危险模式"
会加剧烦躁

当事情没能按照设想顺利推进时，不被对方理解时，身体某处疼痛、状态不好时，我们就会变得烦躁不安。这种烦躁不安到底是什么呢？

人在遭遇危险的事物、未知的事物以及必须面对的事物时，就会开始着手准备抵御危险。也就是说，会切换到"回避危险模式"。

比如，当一个人在热带草原发现了狮子的足迹时，他一瞬间就会心跳加速，血压上升，屏住呼吸，瞳孔放大，肌肉变得僵硬，这时他会自动切换成"逃跑模式"或"战斗模式"来应对。同时，他的精神状态也会发生改变：或是想要快点儿逃跑，变得战战兢兢；或是想要快点儿战斗，变得跃跃欲试。这虽然会由于他个人的经历而有所不同，但无论是哪种状态，都是紧张的表现。

"回避危险模式"说到底也只是暂时的，并不会长期持续下去。比如，宣布进入防疫状态时，我们一天24小时、持续数周都处于"回避危险模式"中，感到烦躁不安也是人之常情，可以说这是一种正常的反应。

而如何看待内因和外因会对自身产生不同的影响。我们为某件事而感到烦躁不安时，不应该认为是他人或者环境导致了自己烦躁不安，而是要承认自己当下的烦躁不安，身心已经切换到了"回避危险模式"这一事实。

将自己的烦躁不安归咎于他人或环境，这其实多半是一种自我臆想。无论发生了什么事情，其实早在这之前，自己已经进入了"回避危险模式"。

如果向外寻找自身烦躁不安的原因，之后就会对这个原因再次采取"回避危险模式"，结果就开始了烦躁与紧张的恶性循环。

当我们因为某种原因进入了"回避危险模式"，需要做的就是去面对自己的内心。

这样一来，我们就能坦然接受自己的这一面是生而为人本就会有的样子，也能用宽容的态度承认自己内心与生俱来的脆弱，在这个基础上再去改变自己的行为，这样的应对方式就是完美的。

比如，所谓"正在工作"，是指除了那些即使睡着也能做到的常规事项以外，基本上就是处于非常紧急的"回避危险模式"。很多人即使是在休息的时候也会考虑工作的事情，如此一来，自然也就容易变得烦躁不安。

在休息的时候，想象此刻的自己没有面临危险或未知的东西，不需要做任何的准备，告诉自己："好嘞，解除紧急状态！"当然也可以换成别的话语，总之就是应该按照自己的意愿切换到"放松模式"。

当我们处于紧张状态时，就会发现有很多东西都会引爆自己烦躁不安的情绪。我们要做的就是不被外部原因和烦躁本身所牵制，并且意识到其实自己一直以来就神经紧绷、高度紧张。

承认自己情绪上的烦躁并改变自身行为，就可以将耗费在烦躁不安上的时间降至最少。

> 过去那些让人不快的记忆被唤醒,其实也是一个警示信号。过去的记忆,是在提示眼下的我们身上正在发生的问题。

在意过去的事,
是因为现在很不安

你是否会在不经意间回忆过去,然后陷入低落、不安、烦躁的情绪怪圈里?长期被包括心灵创伤在内的过去的记忆所支配是十分痛苦的。

虽然我们总想着"快点儿忘记这些事情吧""不要再去想这些事情了",可往往事与愿违,越是想,回忆就越盘桓在我们的心上,挥之不去。我们越努力去忘记,过去的记忆就越发穷追不舍。

就算我们心里十分清楚过去的事情已经过去了,已成定局,无法改变,但是记忆就像粘在我们身上一样,撕不掉,擦不去。

过去那些让人不快的记忆被唤醒，其实也是一个警示信号。过去的记忆，是在提示眼下的我们身上正在发生的问题。

或许我们会觉得这跟眼下的事情无关，自己只是在为过去的事情而烦恼。过去确实有一些问题存在，但毫无疑问，想起这些问题的正是"当下的自己"。

虽然事情已经过去了，但无论我们怎样和过去之事来回纠缠，过去的记忆也不会因此消失不见。

人在为眼前的事情感到烦恼时，会无意识地搜寻关于曾经让自己陷入过相似情绪的过去之事的记忆。

比如，回忆起自己曾经在工作上发生过的巨大过失，由此变得疑神疑鬼，担心当下的自己是不是也犯了错。再比如，回忆起曾经受到过的背叛，在面对新的邂逅时，对于自己是否要和这个人产生交集而举棋不定。这些事情其实都是共通的。

我自己偶尔也会想起一些不愉快的回忆。在我做完眼部手术，准备出院回家时发生了这样一件事。

做完青光眼手术后，我的视力又下降了很多。当时正处于看东西比平时还费力的阶段，出现了一个非常困扰我的问题——走台阶。若是走上台阶，我尚且还能做到；但是因为我不清楚两个台阶之间的高度差，所以下台阶时，我会感到特别害怕。

原本以为有台阶的地方，跨出去了一步，却发现并没有台阶，这种体验对我来说太恐怖了。出院那天，我喃喃自语道："我这个样子，能不能回到自己家都是个问题……"于是，护士一直把我送到了车站。

向护士道谢并道别后，我便准备独自走向地铁，可是下台阶的时候，我怎么都不敢迈出那最初的一步，而这段让人不堪回首的记忆曾无数次涌上我的心头。

刚开始时，我也会问自己为什么要去想这些事情，完全不明白为什么思绪会飘到这些回忆上。但是渐渐地，我发现自己想起这些事情的时机总是那么相似。

那便是每当我要挑战新事物的时候。更关键的是，每当我对跨出第一步感到很害怕时，过去的记忆就会再次涌上心头。

几乎都是情感在决定人的前进方向，决定人将如何采取行动。

举个例子，与心仪的异性邂逅时，是否要进一步接近对方，往往是由好感与害怕二者之间的角逐所决定的。

这个时候，如果害怕的心理占据上风，就会想起曾经的与之相似的情感经历。一想到"曾经的滋味真不好受啊"，就会顺着现在的情感在心中重现当时的故事。

重要的一点是要理解这种内心活动产生的机制，并冷静地做出判断。

就我的情况来说，我不经意间就会想起出院那天的情景。这样一来，我就会明白这是因为在一些事情上跨出第一步让我感到害怕。那么，到底是什么在让我感到害怕呢？虽然每次的情况都不尽相同，但是只要我去找，就总能找到。

因为我意识到自己对跨出第一步感到害怕，就会告诉自己："没关系，就算跌倒了，我也能站起来，试着去做就行了。"

> 只要你能为了将自己变成一个更重要的存在而采取一些行动，就不会因自卑而感到苦恼了。

自卑情绪是一种
风险提醒

一位工作两年的男性告诉我说："在职场上，我感到很自卑，明明自己也没有犯什么很大的过错，但就是会很在意周围人的目光。"来找我咨询的人当中，倾诉这种自卑感的不在少数。

面对职场上那些能干的同事，因感到自卑和被人瞧不起而心生不安，还会在意他人是否在背地里说自己的坏话，等等，被这种自卑感困扰是非常痛苦的。

实际上，别人也并没有说什么，自己却总感觉有人在背后说自己的不是，觉得自己不好。其实，这都是因为你自己太过在意他人的目光。

当然也不能因为在意别人怎么想就把问题归结到别人身上。这是你自己的一种情感表现，只有意识到这是自身的问题，才能走出解决问题的第一步。

即便真的被人轻视、看不起，也是如此。

就算你没有任何自卑感，不管别人说什么，你都能做到不为所动吗？当下的一瞬间，你或许会感到很生气，甚至有点儿受伤，可是到了第二天早上，你也就忘记了。人无法对自己心中并不存在的东西进行认知。

不管旁人说什么、做什么，如果你很在意他们是否看不起你，就应该意识到这其实是你自己内心产生的情感。

或许你也经常会听到一些建议，比如"没有必要感到自卑""是你多想了""没必要担心"之类的。

但我却反对这种观点。这种自然的情感的产生，都是有缘由的。就算你当下不明白，但必定存在让你产生这种情感的原因。

只要你不接受自卑感带给你的警示并采取行动，那么"觉得自己可能被人看不起"的疑虑就会一直萦绕在你心头，久久不散。

那么自卑感是在向我们发出什么样的警示呢？人类其实是一种无法独自生存的脆弱物种，我们的祖先之所以能存活下来并繁衍出子子孙孙，是因为他们始终以集体的形式生活着，大家一起分担赖以存活的生计。换句话说，就是每个人都在发挥自身的作用。

在这种情况下，如果一个人没有用，或者说就算有用，但身边还有比自己更优秀的人存在，这是否会让人感到危险呢？觉得自己不被人需要，这就是所谓自卑感的真实体现。

在我的大学时代，我曾在某一瞬间有一种非常强烈的自卑感。那时正好是进入大三的春天①，那一天，我骑着自行车在等红绿灯，正好看到跟我同龄的人在街角劳作。不知为何，眼前的那一幕，让我感觉自己非常没出息，也很羞愧，内心变得很阴郁。

那时的我无事可做，也一直在回避一个问题：我该如何生存下去？所以一看到那些对社会有用的人，便会隐隐感到一种危机感。

现在想来，其实那就是一种自卑的情绪。"再这样下去，我就要变得一无是处了"的想法其实是在警示我，目前存在一个风险：我会变得不被社会所需要。

当时的我完全没有意识到这是一种自卑情绪的表现。之后没过多久，我就开始备考一门资格考试，然而没通过。但这种挑战是不是出于对自卑感的一种弥补呢？

---

① 日本大学的新学期多从春季开始。

跟上文提到的男生这么说了以后，他说道："确实，我觉得自己的工作不过是任何人都能胜任的简单工作，所以我变得非常在意他人的想法。"

在现代社会，就算自己没有起到什么特别的作用，也没有大碍。只要你能为了将自己变成一个更重要的存在而采取一些行动，就不会因自卑而感到苦恼了。

> 如果能够弄清自己应该直面的自然的脆弱,也就能够将自己从愤怒的情绪中解放出来了。

愤怒是一种次生情绪,要找到其根源

谁都有过怒火冲天的经历。所谓愤怒,就是情绪一旦被点燃,就会让人束手无策。要应对愤怒的人当然不容易,而生气发怒的人自己实际上也是非常疲惫的。

虽然眼下的我看起来云淡风轻、安稳祥和,可在过去,我是个极易动怒的人,也正因为如此,我才更明白个中滋味。

因为一些不可理喻的、难以原谅的事情而生气发怒,虽然我想说这其实是一种非常自然的脆弱,但遗憾的是,愤怒并不是一种自然的情感,而是一种非常扭曲的脆弱。

你有听过这句话吗？

"愤怒是次生情绪。"

举个例子，有一位男性职员说道："上司当着所有同事的面批评我，这太让人难受了，这是职权骚扰吧？！"他表现得十分愤怒。

且不论这是否属于职权骚扰，感到愤怒其实是非常扭曲的情绪表现。一般来说，如果在同事面前被领导斥责了，往往会感到心有不甘、羞愧难当，然而这些情绪却消失到哪里去了呢？

如果当着大家的面被人训斥后感到不甘心和羞愧，这就是一种自然的脆弱。

但是，如果无法承认这种自然的脆弱，而是将自己置于一个非常扭曲的脆弱状态或逞强状态之中，不甘心和羞愧的情绪就会被别的情绪所替代。而这一情绪，就是愤怒。

从头到尾听他说完自己愤怒的原因后，我问他："为什么会被上司训斥呢？"他回答说："因为我犯了一个非常低级的错误。"

我认可了他身上的自然的脆弱："被领导指出错误后会感到羞愧，就证明你的心理状态没有问题。"他说道："是啊，我会注意不再犯同样的错误。"此刻他的声音中也没有了愤怒的情感。

持续不断地否定自然的脆弱，只会让人一而再，再而三地否定自己，不断逞强。长此以往，只会塑造一个无法正视自身的脆弱，且没有自信的自己。

这时，如果自己的脆弱暴露出来，会发生什么呢？往往会将自己的注意力转移到成为导火索的他人身上，并产生一种错觉：是对方惹怒了我。

"为什么大家都要惹我生气呢？！"曾经的我也确实有过这样的想法。自从眼睛看不清楚以后，我对人对事总是持批评态度，就算是一些鸡毛蒜皮的小事也会点燃我的怒火，而我也觉得这样的自己太愚蠢了。

下属的工作进展迟缓，政府部门的处理方式很糟糕，店员的态度不好，车站的台阶很难下，电脑不听使唤……总之，惹恼我的事情无穷无尽，随处可见，连我自己都觉得这也太奇怪了。

有一天，我去眼科医院，听到一位老年男性怒吼道："到底要我等到什么时候？"确实，这家医院的等候时间很长，我也能理解他的烦躁。

在看到他人在公开场合发怒的情形后，我意识到曾经的自己大概也是这个样子，瞬间觉得很羞愧，也意识到自己不能再这样下去了。

虽然现在我已经明白了，过去的自己其实内心充满了自卑和悲伤。这也是因为我的眼睛突然看不清楚了，有着让我产生这种感觉的原因。但是我那时却无法接受这自然的脆弱，一直在拼命逞强，就算什么事都没发生，我依然总是处于怒不可遏的状态。

但我也没有注意到这其实是自卑的次生情绪。那时的我总是在冥思苦想，到底是什么人、什么事让我如此生气，试图找出自己愤怒的原因。

古罗马时期的哲人将愤怒称为"短暂的疯狂"。

人一旦处于疯狂状态，是很难让自己冷静下来的。能够安安静静地阅读此书的当下，对于你而言正是一个机会。试着去找找看，作为愤怒根源的自然的脆弱到底是什么？如果能够弄清自己应该直面的自然的脆弱，也就能够将自己从愤怒的情绪中解放出来了。

> 注意到自己的紧张与不安时，用"正兴奋着""正激动着"去表达或许会更好。

越否定紧张，
就会越紧张

在人前说话、和他人初次见面、去一个陌生的地方等，无关事情的大小，这些往往都会令我们感到紧张。紧张是体现在身心上的，是担心自己能否自如应对和处理接下来即将发生的事情的一种情绪表现。

比如站在人群面前，在众人的目光注视下，肩膀的肌肉会用力绷紧，心跳会加快，喉咙的肌肉也会变得僵硬而使你说不出话来，还会手心出汗，总之你会变得非常紧张。

这时，你是否会跟自己说"不要紧张""冷静下来"这类否定紧张情绪的话语呢？

对于你想让自己的这种紧张情绪消失的心情，我十分理解。但越是这样否定紧张情绪，你反而会变得越紧张。

在一些重要场合感到紧张是十分正常的，这是一种出自本能的防御反应。要想有更好的发挥，就不应该去否定这种紧张情绪，因为这只会让自己徒增烦恼，变得更加紧张。

你是否听过这样一句话："大脑无法理解否定用语。"

比如，如果有人告诉你"闭上眼睛，可不要去想象什么粉色的大象"，结果你反而会在脑海里描绘粉色大象的模样。这是因为要理解否定用语，就必须对否定的对象有所认识。

同理，面对"不能紧张"这句话，反而会将注意力转移到紧张状态中去。"冷静下来"这句话，也是因为当下的自己并不冷静，所以才能成立。结果，反而会将注意力转移到自己当下并不冷静这一点上。

那么，当处于紧张状态时，该说什么才好呢？注意到自己的紧张与不安时，用"正兴奋着""正激动着"去表达或许会更好。

实际上，我自己在面对研修或演讲时，也会心跳加快，肩膀僵硬，当然也会感到自己身心都十分紧张。但我并不会试图去消灭这种紧张，因为这证明我的身心都十分兴奋。

人类本就非常向往惊险、刺激，所以才会去挑战巨大的事物，飞往未知的世界，走向令人害怕的地方。否则世界上也就不会存在云霄飞车、鬼屋、蹦极这样的事物了。

克服危险的过程同时也是一个享受快乐的过程。虽然在那个当下感受到的是紧张，但这也证明了当下的自己正处于十分兴奋和激动的状态中。把这些转化为语言后，就会让自己意识到自己是在享受这个过程。至少，比起"不要紧张"这种否定用语，后者会大大提高自己表现的水平。

> 人类是容易感到孤独的物种，感到孤独是一种超越了个性或性格的本能反应。

孤独感的三种益处

关于孤独，诗人赫尔曼·黑塞是这样说的："人生本就孤独，没有一个人能读懂另一个人，每个人都是孤身一人，只能独自前行。"

事实上，无论两个人如何促膝谈心、深入交流，也是不可能完全理解对方的。即使感觉自己和对方心意相通，双方又真的是彼此的知音吗？归根结底，人都是孤独的。那么，该如何去解释孤独感呢？

一个人的时候，人往往会从孤独感中生出一种寂寞和无依无靠的情愫。

人类是容易感到孤独的物种，感到孤独是一种超越了个性或性格的本能反应。古往今来，人类都是依附于集体而生存下来的，人类是一种如果没有伙伴间的相互合作便无法存活下去的脆弱物种。

被集体驱逐出去，形单影只地生活，远远地望着曾经的伙伴们围着燃烧的篝火，或许这种心境便是孤独吧。面对此情此景，人会感到寂寞、无依无靠、恐惧不安，这是十分正常的。

说得直接一点儿，孤独感也是在向我们发出一种警示：快点儿回到伙伴中去！不然就要死掉了！

为了避免发生这种情况，被驱逐出集体的人会去道歉、让步，抑制内心的不满，修正自己的行为。所谓换位思考的能力，也是为了弥补孤独和无依无靠而形成的。

比如，和朋友吵架了，明明都决定绝交了，结果到了第二天就感觉十分寂寞；夫妻间吵架，叫嚣着要离婚，结果内心却又感觉无依无靠；心里想着"这种公司干脆辞职算了"，结果因为害怕和不安，还是推翻了自己的决定。我们能够在社会中生存，也得益于这份孤独感。

人际关系本来就是十分烦琐的。和狩猎时代不同，在这个安全便利的现代社会，即使孤身一人也能很好地存活下去。虽然我能理解想远离人群生活的心情，但是这在精神上是一种十分危险的生存方式。

"总有一种无依无靠的感觉""总感觉有些地方没有得到满足"，很多时候，这些感觉都是孤独感带来的。

观察一下说这些话的人的生活，往往会发现其所处的环境确实会带给他孤独感。倒不是说他是一个人生活，而是说即便他有家人，他的人际关系依然会让他感到孤独。

孤独感本身并不是什么问题，通过人以外的事物来弥补孤独感才是真正的问题所在。例如，嗜甜食，沉迷于购物，酗酒成性，这类行为和上瘾相通的地方就在于通过外物来弥补孤独感。

想与人产生连接的心理动机，原本就是孤独感。有时，即使有孤独感也不是一件坏事。

这里引用精神分析之父弗洛伊德的一句话："自发追求的孤独感或和他人的分离，是面对人际关系而感到苦恼时最唾手可得的防御手段。"

也就是说对人际关系感到疲惫不堪时想自己一个人待着的感觉，这种自发追求的孤独感是让人心灵愉悦的。

还有一点，孤独感还能在某种时候发挥作用——想深入思考的时候。

一旦和人产生连接以后，我们的想法就很容易变得平庸。比如，当我们在生活中有意识地关注常识和流行趋势时，就会轻视自己的价值观。

众所周知，平庸的想法是无法孕育出有创意的想法的。如果你从事的是具有创造性的工作，偶尔会觉得"反正没人会理解我的"，这时候倒不如创造一个机会，让自己沉浸到孤独中。

因当事人和具体情况的不同，孤独感的含义也不尽相同。无论是哪一种，都是非常符合人性的，完全没有必要去否定它。

若能明白这一含义，并知道该如何改变行动，也就没有必要对孤独感怀有恐惧了。

> 无能为力的感觉是很痛苦的，所以我们更应该好好地利用这份痛苦，提升自己的能力，获取知识，改变环境。

无力感
能成为强大的动力

工作上犯了错，事情未能如预想一般进展顺利，因为能力不足而没能得到好结果……这些时候，我们往往会感到无能为力，内心充满不甘。

这时，你是否也在努力消除这些内心的无助与不甘？如果是这样，那就太可惜了。

我也曾无数次因为自己的不成熟和无能为力而感到非常不甘心。可能是这样的经历太多了，以至于如今我就算被无能为力的感觉打倒了，也并不排斥卧薪尝胆的感觉。在许许多多的自然的脆弱之中，这种无力感于我而言也是最熟悉的一种情绪。

当然,这种感觉之所以产生,是因为发生了一些事情。虽然这些事情的发生并不是我所希望的,但是既然已经发生了,我就只好接受。

无能为力的感觉是很痛苦的,所以我们更应该好好地利用这份痛苦,提升自己的能力,获取知识,改变环境。

什么都做不到,没能发挥能力,没能帮上忙,能力不足……实际上,无力感就如同其字面意思一样,面对环境的变化,不论实际情况如何,都一味地认为自己"没有能力"或"能力不足"。

就好像在做一些平时不怎么做的高强度运动时,肌肉会感觉到力量不足并产生疼痛感一样,一定会产生试图弥补力量不足的变化。

诸如"坚持了好久啊"或"辛苦了啊"之类的安慰的

话语也只不过是培育力量的养分而已。内心想着"再也不想有同样的遭遇"，将疼痛转化为动力才是处理问题的正确方法。

虽然经常也会听到"没有必要感到无助"这种建议，但对此我想说，就应该去感受无助。

对什么事情感到无能为力、不甘心，这些说到底都是主观的感受。比如，花样滑冰运动员羽生结弦在东日本大地震发生后，虽然在滑冰上取得了成绩，但是他认为"这对灾后重建并没有帮助"，内心产生了一种无能为力的感觉。

虽然我也想告诉他"没有必要这么想"，但是不管身边的人说什么，他本人还是会这样觉得。

我人生中最无能为力的时刻，就是姐姐在被诊断为抑郁症后自杀时。我内心所感受到的不仅仅是"我没能为姐姐做任何事"，后悔的情感也掺杂其中——我对姐姐说了那样伤人的话。

那时，我患有眼疾，对活下去这件事感到十分悲观。一直以来精神状态萎靡不振的我，因为姐姐的自杀而一下子重新振作起来。我开始直面自己的无知和无力，想要找到姐姐自杀的真相。

虽然周围的人曾无数次跟我说"这件事情的责任不在你""你没有必要感到无能为力"，但我内心的感受却骗不了自己。

无论其他人说什么，我总觉得一定有让我产生这种感受的相应的原因，所以我无法无视和忘记这件事。

当然，虽然只是结果论而已，不过后来我的妻子被诊断为抑郁症，幸运的是我没有失去她，我们两人之所以能一起渡过难关，我想也是无力感在提醒我"再努力加把劲儿"，而我也遵循了这份提醒的缘故。

正因为"再也不想品尝这种痛苦的滋味"，我的内心才会涌起无助和不甘心的感觉。

自从明白"无助是我的同伴"这一点后，我感觉自己的人生变得轻松了很多。正视并好好地回应这些情感所传递的警示信息，我的人生会变得更加安全，我也因此变得更加安心。

因为一些事情的发生，我们感到无能为力和心有不甘，因此想把原因归咎于旁人或环境，这种心情不难理解，有时确实也可以通过暂时转移视线来给内心的冲动做个缓冲。

但是，一旦结束这种"仪式"，我们就必须正视内心的无助感。应该掌握哪种能力？如何改变行动？答案会自然浮现。

第五章

用行动来回应情绪的警示信号

第五章

> 等"仪式"结束后,去体会情绪的意义,并改变行动。

抱怨、发牢骚,
是实现尽快振作的"仪式"

我想再强调一遍,因为一些不愉快的事情而情绪低落,因为一些遗憾而感到失望,对过去的事情耿耿于怀,这种自然的脆弱情绪都有其产生的原因。

就算口头上无数次说着"不想有这种感受",但是否定这种感受本身,是非常勉强的。你所忽视的情感、所敷衍的情绪,日后必定会以另一种形式重新现身。

一位四十来岁的女性对我说道:"没有缘由地感到烦躁不安。"虽然很多人都会说没有缘由,但实际上这背后必定有其缘由。

我问她："你是否在忍耐一些事情？"她似乎有些难以启齿："有的，比如领导很麻烦，老公是什么也不管的甩手掌柜，孩子又不听话。这些事情我确实在忍耐，可是就算说出来也没用，能怎么办呢？"

我又和她深入聊了一下，了解到她最近也听了一些朋友的牢骚，她还开导了朋友："抱怨也没用，还是往前看吧。"

确实，如果能自然而然地向前看，当然是好的。但如果勉强装出积极向前的样子，那么日后负面情绪必定会以别的形式卷土重来。对于她来说，这就是"没有缘由的烦躁"的真相。

我告诉她："没有必要勉强自己装出积极向前的样子，因为一些事情而感到烦躁不安也是十分正常的。"她说："但是好不容易有个休息日，我不想絮絮叨叨地抱怨、发牢骚，我想尽量保持愉悦的心情来度过这段时间。"

虽然我们能够做出"让自己保持好心情"的决定，但实际上能否真正保持好心情，却不是凭我们的意志能够决定的。就算是有意识地做出的决定，无意识的情感也没有任何理由一定要去同意这个决定。

所谓控制情绪，并不是用思考去操控情绪——而且这种事情说到底也是不可能的。

用主仆关系来打比方的话，情绪是主人，而思考只不过是它的仆人罢了。作为仆人，就不应该违逆主人，而是要巧妙地讨好主人。这才是真正的控制情绪。

我们的思考能够提出诉求，希望让自己保持积极向前的姿态。但能否做到积极向前，决定这一点的并不是我们的思考，而是思考的主人，也就是情绪来决定的。利用思考能做成的事情是有限的。

自发地意识到自己当下的感受，无论是哭泣、生气，还是发牢骚，把这一整个"仪式"都走一遍。等"仪式"结束后，去体会情绪的意义，并改变行动。

我曾在漫画中看到这样一句话："情绪激动到近乎发狂的时候，我会大声哭泣、咆哮，让自己的头脑冷静下来。"

这是一个可以参考的技能。就算是对于一些不值得哭泣的事情，也可以故意放大自己的悲伤和痛苦，故意大声痛哭一场。如此一来，精神状态确实能平复安定下来。

虽然我不想让其他人看到我失魂落魄的样子，但是我偶尔也会独自一人故意很夸张地唉声叹气，来整理自己的情绪。在居酒屋里故意夸大对公司或领导的不满，发发牢骚，也可以把这看作一种"仪式"。

诉说自己"没有缘由地感到烦躁不安"的那位女士，在和我的交谈中也开始抱怨和发牢骚，最后还流着泪大声叫喊。她脸上最终流露出了非常自然的微笑。

对于她来说，内心的烦躁不安已经到达极限了，她需要做进一步的自我表达。而她之所以能够直率地说出"我会努力的"这样的话语，是因为在这个表达情绪的仪式中，她真正地唉声叹气了，也能够承认自己身上那些自然的脆弱了。

没完没了地生气、抱怨和哭诉是不符合人性的，但是为了将自然的脆弱转化为强大，暂时执行这种表达情绪的"仪式"也并不奇怪。

承认自己身上那些具有人性色彩的情感，并且有意识地去利用这些情感，这是一件非常好的事。首先要停止用思考或语言来忽视情感发出的警示。有时，一场盛大的表达情绪的仪式或许也是有必要的。

不过，只要能够接受那些自然的脆弱，那些脆弱就能为你的生活做出通往安全之路的指引。

> 谁都没有错，我也没有错，仅仅是能力不足而已。

谁都没错，
跳出责备他人的怪圈

只要不否定自然的脆弱，就能激发出弥补这一脆弱的行动，最后便能获得自然的强大。

在消除内心的脆弱时，我们往往会将原因归咎于他人。要越过这道障碍其实并不容易，我们经常会听到这样的建议："不要将原因归咎于他人或环境。"那么到底该由谁来承担责任呢？

从结论来说，这不是谁的责任，当然也不是你自己的责任。

比如因为客人的误解而引发了投诉，虽说是误解，但客人投诉的矛头的确是指向了你。就算是误解，你也会因为客人生气而感到情绪低落，这是非常自然的反应。

从通常的思考方式出发，有错的是产生了误解的客人自己。但只要将原因归咎于某人，你就无法培养出属于自己的强大。虽说如此，也没有必要认为是自己的错或者责任在自己身上。

要想获得自然的强大，你最好能形成一种新的思维方式，即"谁都没错"。

无论是谁，都很难承认事情的发生是自己的错，所以才会把原因归咎于其他人或者事。但是如果摒弃好坏是非的观念，只是纯粹地认为是能力不足、知识不足造成的，那么承认不足就会变得轻松很多。

走在人群中，我经常会撞到人，这是因为我的视野范围非常狭窄。除此之外，在眼睛看不清以后，不论事情大小，我给人添的麻烦、犯的过错也越来越多。

说实话,我也曾想过"这又不是我的错",虽然我的眼睛确实看不太清了,但我也不是故意要做这些事的。

结果,我想着"不是我的错,那么到底是谁的错呢",开启了"寻找坏人的旅程"。

其实仔细一想就能明白,谁都没有错。当然,就算是我,也并没有错。那么,我又为何要去寻找"坏人"呢?

人在面对不好的结果时会产生一种直觉,觉得必定存在不好的结果所对应的不好的原因。所以人就会觉得只要找到不好的原因,就能得到好的结果。也因此,人们最喜欢的就是找原因或犯人等一切不好的东西。

不是"产生了误解的客人的错"就是"我的错",这只不过是一种二选一的极端思考方式罢了。谁都可能会产生误解,所以比起这种二选一的思考方式,不如采用第三个选项,那就是"谁都没错"。

话虽如此,但会发生一些令人不快的事情也是事实。即使没有是非对错,也可以将其作为提高自身说明能力的一个机会。

"这个世界上所有的不利条件都是当事人能力不足所致。"这是在一部漫画中出现过无数次的台词。虽然这句话听起来十分苛刻,但我却因为这句话获得了救赎。过去的我只要发生了不愉快的事情,就会把所有原因都归咎于他人或环境。

把原因归咎于某人或某件事,实际上是非常令人疲惫的。当我经历了生气、斥责,并表达了不满后,感到因生气而疲惫不堪时,看到了这句台词,我恍然大悟——原来是这样,不是谁的原因,也不是自己的原因,仅仅是因为能力不足。那时,我感觉自己得到了解脱。

因为环境的变化而发生一些不愉快的事情时,可以试着这样思考：不是某人或某事有错，也不是自己不好或者有错，单纯只是因为能力不足而已。

承认自己知之甚少，就会激发起学习的欲望；承认自己技能不足，就会有意识地去提升自己的能力。

"谁都没有错，我也没有错，仅仅是能力不足而已。"如果能够这样去思考，就能跳出凡事总是从别处去找原因的怪圈。

> 谨慎、胆小、悲观，面对这些脆弱，完全不必感到羞耻。那些能够取得非凡成就的人，大多是能够活用这些才能的人。

把谨慎、胆小、悲观转变为强有力的伙伴

一说到谨慎、胆小、悲观的性格，往往会给人十分软弱的印象。但其实并非如此，只是如何使用这些词语的问题而已。所谓谨慎、胆小，也可以用来形容为某件事提前做出近乎苛刻的万全准备。

我曾经在一场演讲比赛中获得了胜利。当然，我想是因为我做了万全的准备才获得了成功。我对所有参赛选手都做了彻底的分析，从获胜者的特质到评委的点评，对于所有能够获得的信息，我都提前进行了调查。

整个演讲大约需要十分钟，转换成文字大约有三千字。

我也不知道自己对这篇演讲稿进行了多少次修改。我把写出来的稿子一字一句地全部装进了自己的脑海里。为了能够记得滚瓜烂熟,我针对演讲速度的快慢、语调的抑扬顿挫以及停顿的长短等练习了不下一百遍。

原本我以为大家都会做这样的准备,但事后我才知道并非如此。如果被问到为何会准备得如此充分,我的回答必定是"因为我害怕失败"。

对于积极乐观的人来说,这或许有些难以理解吧。也有人对我说过"没必要这么想",但是对我来说,所有关系到输赢的事情都像是真刀真枪的决斗,不可以有半分马虎。

对于我来说,这场比赛就像是用真剑来一决胜负,失败就相当于死亡。当然,在现实中,输了也不会死,所以轻松应对就可以了。

但是,活着的时候去挑战某件事,没有比能够留下成果更好的事情了。因为害怕,所以我会提前做出近乎苛刻的准备。这时驱动我的便是谨慎、胆小、悲观这些自然的脆弱。

发自内心害怕失败的"胆小"，能够设想到最坏结局的"悲观"，对事前准备毫不松懈的"谨慎"，这些是我们天生就具备的才能，是我们应该灵活运用的自然的脆弱。

对于积极乐观的人来说，他们是不理解这种价值观的，所以我的做法才会被否定，但是也没有必要非得听取别人的意见吧。谨慎、胆小、悲观，与其"杀死"这些上苍赠与我们的天生的才能，倒不如活用它们并将其转化为我们的强大。

谨慎、胆小、悲观，面对这些脆弱，完全不必感到羞耻。那些能够取得非凡成就的人，大多是能够活用这些才能的人。

但是因为我们没有机会看到这些人的另一面，我们看到的往往是他们表面上取得的成果，所以就会以为他们是乐观积极的人。

可以想象一下硬币的正反面。有的人表面看起来乐观向上、积极进取，但是一旦回归背面，就会发现他也有谨慎、胆小、悲观消极的一面。这就是人类最原本的样子。

我可以断言，那些在背面也只有乐观积极的人，往往都不会取得较大的成就。

首先要承认自己身上存在的谨慎、胆小和悲观消极，这些脆弱会因为使用方法的恰当而转化为我们强有力的伙伴。

不要把这些作为逃避的理由，而是要作为"提前做好近乎苛刻的准备的动机"来使用。不要远离它们，要主动靠近它们，和它们成为好朋友，这会让你的人生变得更加丰饶。

> 你必须意识到自己正紧紧抓着"做不了的理由和原因"不放。

别再说"做不了"

低落、不安、烦躁、郁郁寡欢……无论多么令人不快的情绪，都有其产生的原因。这种自然的脆弱在面对环境的变化时，为了让我们能够灵活应对而促使我们修正自己的行动。

要想获得内心的强大，最重要的便是行动。但在现实中，往往是"原本是想去做的""虽然准备去干""道理虽然都明白"，结果还是会说一句"做不了"而终止了行动。

"运动不了""存不了钱""减不了肥""做不了家务"等，虽然心里明白这些事情"最好采取行动"或"应该去做"，但就是无法着手去干，无法迈出第一步。你是否也有这样的经历？

如何才能从"明明知道应该去做却又做不到"的困境中走出来呢？首先希望大家理解的一点就是，你所说的"做不了"十有八九是假的。

为何我可以如此断言呢？我为大家说明一下理由。日语是一种十分灵活的语言，"做不了"本来就是在否定事物的可能性。准确地说，是用来形容"物理上不可能做到的事情"。

但在实际生活中并非如此，日本人会在"不想做""很麻烦""不擅长""不做"等各种非常广阔的语境下去使用"做不了"这个表达。

如果用英语来思考，会变得简单易懂一些。例如"I cannot cook"这句话，包含了像"手受伤了"这种"物理性的不可能"的意味。

然而，在日语中，"做不了"这个表达的意思却宽泛很多。实际上，我在被别人问到"您做菜吗"的时候，也曾经回答过"我做不了菜"。

但是，严格来说，这种说法不符合事实。实际上是因为我厨艺不精，所以"不想做"，或者说交给妻子做会更放心，所以我就决定"不做菜"了，而不是我真的"不会做"。

心里想的其实是"不想做"或是"不做"，但是不知不觉间就会说成"做不了"。我将这种说话的行为称为"虚假的无法做到"。

"运动不了""存不了钱""减不了肥""做不了家务"，这些十有八九也是虚假的"做不了"。隐藏自己内心的真实想法，就像是将其包裹在一层糯米纸里，我们在不知不觉间一直在说假话。

所以，这种不自觉的假话也是让你内心变得脆弱的一个原因。

你口中的"做不了"可能是假的

你是否有过这样的经历：格外在意他人的缺点或环境中不好的地方？

在意上司和同事的缺点，夫妻间往往也只看到对方的缺点，小到公司或自己周边的环境，大到政治的理想状态，"虽然知道就算自己说了也没用"，但是为什么还是会对他人以及环境中存在的问题紧抓不放呢？

如果真是这样，那就是"虚假的无法做到"所带来的副作用。换句话说，就是说假话的代价。经常使用虚假的"做不了"，最大的风险就在于每说一次"做不了"，就会不断发现看起来像做不到某件事的理由或原因的"糟糕的方面"。

这和"……不了"这句话的构造有关。"不了"很少单独使用，往往是以组合的形式使用的，即需要一个做不到这件事的理由。所以关键就在于找到这个理由，或是某个不好的方面。

实际上那些嘴上说着"戒不了烟""减不了肥"的人，就算我没有主动问起，他们也会告诉我是因为工作压力才这样的。

如果这个"做不了"是假的，而"不想做"才是本意的话，那么对于他们来说，工作压力作为"不能做某事的理由"就显得十分有必要了。

换句话说，不戒烟、不减肥必须以"工作压力大"为理由。当然，这也并不会减轻他们的工作压力。

他们会认为"其实就算非常在意也没用"，但是对于环境中不好的地方，该以什么频率和程度去在意呢？这会随着使用虚假的"做不了"的频率的提升而变得频繁、程度加深。

如果你明明不需要在意这些事情，却还是会格外在意，多半是因为你找了太多理由来假装自己做不到。

你必须意识到自己正紧紧抓着"做不了的理由和原因"不放。

不说"做不了",而是说"不做"

"运动不了""存不了钱""减不了肥""做不了家务""早起不了""戒不了烟",你在不自觉的情况下就用了这些虚假的"做不了"。而且每次说出"做不了"的时候,你就会紧紧抓着"做不了的理由和原因"不放。

那么,怎样才能从虚假的"做不了"的诅咒中解放出来呢?非常简单,只要说"不做"就可以了。

"不戒烟""不存钱""不减肥"中的"不……"是你自己的判断,因为不需要"做不了的理由和原因",所以也就不必挖空心思去找理由和原因了。

有一位女性和我说："不收拾整理的话，运势就会变差，但我实在太忙了，收拾不了。"而同样的话，半年前她也和我说过。

虽然为自己"做不了"而感到非常烦恼，但就是不去做。如果是这样，一开始就说"不做"就行了。

为了说"做不了"而去找不能够做这件事的原因，这本身就是在浪费时间，倒不如鼓起勇气坚定地说"不做"，这样也能大大减少沉浸在坏心情中的时间。

说得直白一些，就是现代社会中"无用的信息太过泛滥"。电视、网络、杂志、书籍等媒介中充斥着"最好做……""不这样做就吃亏了"之类的信息。就算知道很多的"应该做"，但在那个当下、那个瞬间，能做的也只有一件事。

当然，戒烟、存钱、减肥这些事，最好下定决心去做，这一点也是毋庸置疑的。

正因为如此，想同时做这个和那个，结果只会无法将注意力集中到唯一的重要事项上。可以说，这就是"追二兔者不得一兔"的典型了。

一个人如果同时看多个事物，听多个声音，是无法集中注意力的。这就是"物理上的无法做到"。

"应该做的事情"只会越来越多，而我们需要做的就是将注意力集中到眼前的某一件事情上，将除此之外的90%的事情都拒之门外。

这样就不会因为虚假的"做不了"而感受到额外的压力了，对"做了该做的事情"的自己也会更加有信心。

> 失败是一个新的开始。失败存在的意义，就是让人知道该对什么事物做出怎样的改变。

把"失败"换成"反馈"

要想锻炼出强大的内心，行动是不可或缺的。什么都不做，只是干坐着，事态是不会好转的。承认自然的脆弱，不把原因归咎于他人或环境，仅仅是为了弥补能力上的不足而去采取行动。

在这个过程中，肯定会碰到的一个问题就是如何面对失败。

人生本来就是在进行挑战与克服困难之间循环往复。昨天做不到的事情，今天会变得能做到。享受这个过程，生活就会变得愉快。但如何去面对在这个过程中必定会遭遇的失败就变得很关键，一旦弄错了方向，人生就会变得非常苦涩。

如果对于你来说，失败是不好的东西，那么无论你做什么都会感到非常沉重。

工作、学习、运动、恋爱，这些都是在进行挑战与克服困难之间循环往复的。如果你不容许任何一次失败，基于这种认知，就算他人为你加油鼓劲儿，你也会因为紧张而无法迈出步子。

没有人是生来就会骑自行车的。在经历了无数次失败后，依然坚持挑战，终于会骑自行车了，我想你也有过这样的经历。

那么，该如何面对失败呢？从结论来说，如果把失败当作反馈的材料，克服困难的过程就会变得愉快很多。

一般说到反馈，往往是指针对工作表现给出的意见或评价，这和它原本的意思有着巨大的差异。

所谓反馈，其实是控制工程领域的一个专用词。

最简单易懂的就是空调的运作机制。在空调上输入设定的温度后，空调就会自动制冷或制热。

最近一些新生产的空调还会测算出一个合适的温度，然后自动快捷地调整室内温度。是反馈的机制在实现这一功能。

例如，夏天室内温度为35摄氏度，如果把空调温度设定为28摄氏度，则与室温相差7摄氏度。要想达到设定的温度，就得一下子放出冷气。就算正好达到了28摄氏度，如果这时有人进入房间，室温就会再次上升。这时，感应器就会根据实际温度和设定温度之间的差值进行调整，将室温调整到设定的温度。

也就是说，不断缩小理想与现实之间的差距。这就是反馈的本质。

重要的是，在反馈机制中并不需要否定，就算无法准确地按照理想状态达到设定的温度，空调也不会否定自己，认为自己没用。

就算空调真的有感情，它也不会感到失落吧。这是因为它能通过反馈机制来机械化地缩小理想与现实之间的差距。

就算采取一次行动后得到的结果未能令人满意，行动也不会就此结束。失败是一个新的开始。失败存在的意义，就是让人知道该对什么事物做出怎样的改变。

在某电视台的一档娱乐节目上，关于主持人提出的恋爱观的问题，一位男士是这样回答的："我早已预料到恋爱过程会进展不顺利，所以我就不谈恋爱。"

当然，如果说这就是他的价值观，那也无可厚非。但如果他仅仅因为一次恋爱经历不顺就认为自己无法顺利恋爱了，那就太悲哀了。

> 既然如此痛苦,为什么还要主动做出这样的选择?

能让牢骚和不满立马消失的魔法话语

自卑、羞耻、自怨自艾的情感,是对你的一种警示信号。因内心感到不甘而采取行动,就能弥补自身能力上的不足。

话虽如此,人也不会因为采取了一次行动,就自动变得强大。在一点一滴地积累行动的过程中,人必定会渐渐忘记自己到底是为了什么而在持续努力,也就是会忘记自己的目标到底是什么。

受他人和环境的影响而满腹牢骚,感到不公平、不满意,脑子里想的全是别人的事情,这时基本上也就忘记了自己的目标。

就算心里明白即便说出来也没用，但还是会感到非常不满，于是絮絮叨叨地不停地抱怨，导致自己无法前进，相信谁都有过这样的体会。

"不要去说这些"，通过语言来阻止自己说一些事情，就如同薅掉杂草的叶子一样。无论怎样抑制，就像杂草会重新长出来一样，自己口中依然会冒出牢骚与抱怨。

这时就应该按照字面意思，从根源上解决问题。要想根除牢骚和不满，其实非常简单，那就是对自己说这样一句话："既然这么讨厌，那就别干了。"这是非常强有力的一句话。我自己也会一周和自己说一次这样的话，多的时候，一天之内会对自己说好几次。

我为什么要用这么激烈的言辞呢？这不是在煽动自己的情绪吗？这是为了找出一个即使自己如此讨厌却还要坚持下去的理由。人在开始行动后就会忘记最初的目的和意义，说着"放弃就是了",甚至"要不放弃吧"。

但是,大部分时候,"就算很讨厌、很痛苦,也会继续干下去"。比如无论和上司之间的关系多么令人难受也无法辞职。正因为如此,才要问问自己:"既然如此痛苦,为什么还要主动做出这样的选择?"

后来,我卖掉了自己经营的公司,又做回了一名上班族。工作内容是做公司内部研修的企划。我选择这份工作,是希望自己可以以一名咨询师和讲师的身份重新开始。我最终极的目标则是找到自己产生视力障碍以及姐姐自杀这两件事背后的意义。

刚进入公司的时候,我是有着非常明确的目标的。

但长期埋头于工作之后,无论多大的目标都会遗忘。有一天,我将无用文件的订书钉拆下来,把文件放进碎纸机里粉碎,结果光这一件事就花了一个小时。"我为什么在做这种事情呢?"我内心突然感到一阵空虚。

渐渐地，我开始关注一些自己所厌恶的事情，对公司和上司的不满也越来越多。

在一次会议上，我因为不愿意在工作上做出让步，就向上司表达了我对公司的不满。于是，上司很冷静地说道："我明白你的心情。但如果你如此不满，那就只有辞职这一条路了。"这句话听起来非常刺耳，但事实的确如此。

我疲惫不堪地走着，想到"真的要辞职吗"的那一瞬间，我才开始清醒过来。"不对，我是为了找到自己视力障碍以及姐姐自杀对生活的意义，为了重新出发才来这里的。"原本已经遗忘的目标又一次被唤醒了。

经常会听到这样的建议："尽量不要抱怨，不要表达不满。"但这其实是非常违背天性的。

这里并不是建议大家想到什么就说什么，我想说的是，假装内心没有不满，无视自己的感受，这是违背天性的。

我也有讨厌的事，有不喜欢的人，这些小事之所以会夺去我的思维，是因为我已经忘记了最初的目标。希望大家也能意识到，感到不满其实是自己的问题。

每个人都具备克服讨厌的事、痛苦的事的能力。但这也是基于自己明白这段时间是具有意义的，所以才能克服这些问题。

在这段时间中，那些忘记了事情的意义和原本的目标的人，无论是谁都会变得脆弱。不要太过于紧闭嘴巴、不断忍耐，试着和自己说一句"既然这么讨厌，就别做了"。

这样一来，你就能重新想起让你即便如此讨厌却依然要坚持下去的理由。

> 无论什么样的事情，都是一件一件、一步一步去做的。

行动时聚焦于眼前的事物

"只关注眼前的事情"并不是一句褒义的话，但这却是非常重要的。

将自然的脆弱转化为内心的强大时，必须要有弥补脆弱的行动，但在行动阶段会遇到很多障碍。比如，会说"我无法……"，会因为害怕失败而不敢开始，失去目标也会导致行动停止。

而且还有一点，如果能像"鸟的眼睛"一样俯瞰事情的全貌或未来的画像，就会觉得一点一滴地去做事情显得很笨拙。正因为如此，就必须要像"虫的眼睛"一样聚焦于眼前的事物。

这样做的意义以及重要的目的都会成为开始和继续行动的动力，而且付诸行动的过程实际上是非常朴实无华的，所以绝不能脱离意义和目的，必须集中注意力在眼前的事物上。

重要的是能够区分使用"鸟的眼睛"和"虫的眼睛"。

儿童时代，父亲会带我去爬山；少年时代，我也一直是登山部的成员，所以我积累了很多爬山的经验。

要想登顶，必须一步一个脚印，要用"虫的眼睛"去行走。虽然偶尔也需要看一下地图，用"鸟的眼睛"俯瞰全貌，但在行走的过程中，要使用"虫的眼睛"心无旁骛地往前走。

但是，一步一步地慢慢走是非常辛苦的。我会想要知道是不是马上登顶了，通过地图查看剩余的距离。有时，一旦发现距离终点还很远，我就会感到疲惫。

接着，我脑海里会跳出很多问题："为什么要来爬山？""终点会有什么呢？"我会渐渐地去想一些无关紧要的事情。于是，我开始疑惑自己到底在做什么，然后停下前行的脚步。

用"鸟的眼睛"来看事情的全貌，用"虫的眼睛"来行动，如果把两者的使用相混淆，人就会感到很痛苦。

在行动过程中应该封印"鸟的眼睛"，用"虫的眼睛"贯彻执行到底，只专注于眼前的事物，将注意力聚焦于目标和眼前的事物上。总之，就是将自己框定在眼睛能够看到的事物上。

忘掉意义和目的这些眼睛看不到的东西，这也是做成某件事的重要条件。

这和收拾整理是一样的。虽然总有人会跟我们说"想象一下变得干净整洁的房间"，但即便能够想象出来，看到眼前堆积如山的东西，或许会觉得这个愿景很难实现，然后变得非常提不起劲儿。

用"鸟的眼睛"来描绘终点是非常重要的，但我们却很难基于辽阔的视野来采取具体的行动。

说得极端一点儿，如果想收拾整理，就应该从眼前非常细微的事情开始做起，比如，将掉在地上的笔捡起来并放到桌子上。无论什么样的事情，都是一件一件、一步一步去做的。用"虫的眼睛"去聚焦于眼前的事物吧。

无论是多么微小的事情，都是带领你走向终点的非常踏实的一步。

> "今天就做"这一行动不断积累的结果就是"坚持"。

不说"继续""坚持",
而说"今天就做"

我从不使用"继续""坚持"这类词,因为无论哪个词都是违背天性的。当然,也有无数件事情是我在嘴上说着要"继续下去""坚持下去"而开始做的。

但结果我却没有一件事情坚持了下来,而我现在持续做的事情都是自然而然就习惯做的事情。

我们总说"坚持就是力量",虽然这确实非常重要,但实际上真的能够如此简单就坚持下去吗?

很多人都会说"虽然很想运动,但是坚持不了""很难坚持减肥""虽然也想节约，但是没法坚持"等。

那么如何才能让自己坚持下去呢？从结论来说，就是改变自己的用词。具体地说，就是不使用"继续""坚持"这一类词，而是坚持三天说"今天就做"。

当然，既然说到就要做到，言出必行。

为什么不能说"继续""坚持"这类词呢？大家知道"继续"这个词的词性是什么吗？这是一个副词。所谓副词就是表现某个动作如何进行的词语，例如，"继续喝""继续坐"之类的副词与动词的词组，都是可以做出的动作。

那么，所谓"继续"到底该怎么做才好呢？这确实是一个非常抽象的词，而"坚持"则是一个动词，到底具体要做什么呢？完全难以想象。作为表达行动的语言，这两个词语显得非常违背天性。

"继续""坚持"这类说法原本表示的是正在继续的状

态，是在表示"已经继续做了下来"的结果时使用的，所以在开始做一件事的时候使用这些词是不恰当的。

"坚持"这个词给人一种"未来的行动要在当下做出决定"的沉重感。例如，一旦决定了今年一整年都要坚持的习惯，就会感觉要肩负一整年的重担。"如果坚持不下去了，该怎么办？"一旦感到不安，就无法集中精力在"今天需要做的事情"上，结果也只能是放弃。

关键在于虽然想着要坚持下去，结果行动却没能持续下去。

想要坚持运动、减肥、储蓄或其他好习惯时，就应该利用当时感受到的情绪能量，也就是要趁着这股势头，告诉自己"今天就做"，以此付诸行动。

到了明天，也告诉自己"今天就做"。到了后天也一样，连续说三天"今天就做"，并付诸行动。希望大家可以试一试这个方法。

大部分的事情，只要坚持三天，就会受到"昨天做了，那今天也做吧"的"惰性"的驱使而继续行动，至少比起第一天，能更加轻松地完成任务。

"今天就做"这一行动不断积累的结果就是"坚持"。所以没有必要在刚开始行动的时候就设定好结果，让自己承受一些违背天性的压力。

实际上，我已经坚持锻炼十多年了。但我从来没有使用过"继续""坚持"之类的词，我只会说"今天就做"或者"现在就做"，也就是说到做到罢了。

没有了"如果坚持不了"这一担忧带来的包袱和压力，我自然而然地就不断坚持下来了。

你之所以无法坚持下去，就是因为"继续""坚持"这类沉重的词给你带来了压力。对你来说，如果是真正需要做的事情，即使不花大力气，也是能够坚持下去的。

别担心，没有谁是无法坚持的，只要从"坚持"的诅咒中将自己解放出来，就能消除内心的不安、紧张和压力。

只需要三天，告诉自己"今天就做"，并且说到做到。有一天，当你再次回首时，你会发现自己真的坚持下来了。

> 如果你能受到对方的影响，那么你也能影响到对方。

不因为无法改变他人就放弃

面对职场关系、夫妻关系、亲子关系，你会希望改变某个人吧。

虽然想按照自己所想的去改变他人，但是无论你说什么，那个人都毫无改变。结果是自己变得很烦躁，还被这个人左右了自己的情绪。尤其是在觉得对方做法不对的时候，这种想法会更加强烈。越想改变对方，对方就会变得越顽固，最终陷入困境之中。

"想改变他人"的想法其实是非常自然的情感，但"打算改变他人"的举动却不太自然。

或许你听过这样一句话："人是无法改变的。"话说回来，为什么我们无法改变他人，无法按照自己的设想去控制他人呢？

人并不是一件东西，只要想象一下自己像一件东西一样被毫无人权地摆弄，像提线木偶一样被随意操控，你就会明白这个原因。

虽然我们会说"自己成了公司的提线木偶"，但这是因为我们想要获取报酬和优待等回报，所以就根据自己的判断，接受自己"被操控"。

如果按照同样的道理，就算是"让孩子去学习"，只要想象一下，就会明白这件事是无法按照自己所想去控制他的。

或许有读者会认为："咨询师的工作难道就是改变对方？"确实，到目前为止，我倾听了很多咨询者倾诉自己的烦恼，但是我从来没有觉得对方被我改变了。

我只是给予了他们一些影响，然后他们自己做出了改变。

虽然"无法改变他人"是一个事实，但也不能因为自己什么都做不了就放弃。就算不能直接改变他人，也可以通过自身去影响他，然后间接地让他做出改变。这就需要有意识地去做一些事情。

你只需要做以下三件事。

一、设定好你希望对方给你的反应；

二、思考要如何做才能引出第一条；

三、把第二条作为自己的课题不断探索。

不应该想着直接改变对方。想象一下游戏的世界，或许就好懂很多。比如，玩马力欧赛车游戏的时候，我们能够操控的角色只有一个。那些跳出来阻碍闯关的角色虽然很令人讨厌，但我们也不能操控那些角色，所以烦躁不安也没有意义。

在这一点上，现实世界和游戏实际上完全一样。对于我们来说，所谓控制者就是意识。遗憾的是，意识和他人并不是连通的。无论他人多么碍事、多么讨厌，我们除了能通过意识来操控自己之外，其他的事都无法做到。

人类是相互影响而生存的。根据对方的反应，我们会做出相应的改变。同理，我们通过言行举止来给予对方影响，对方也会相应地做出改变。

在获得这份觉悟之前，我也曾经历了无数的失败，其中最令我痛苦的便是我试图改变自己的妻子。

妻子曾经因为职场上的过度劳累而陷入了抑郁状态，我当时一直陪伴在她身边。那段时间，妻子偶尔也会冒出自杀的念头。

有一天，我收到了妻子的邮件，打开一看，心头一紧。上面只写了一句话："再见。"于是，我急急忙忙往家赶。

我的姐姐因为抑郁症而自杀，所以我不想因此再失去家人，这种害怕的心理非常强烈。曾经我也冲着妻子大声嚷嚷"不要再做这种事情了"，试图改变妻子。

有一天，我作为研修的讲师，在讲到"他人是无法改变的"的内容时，有一位听众提问道："那也就是说，我们什么也做不了，是吗？"当时的他非常想改变自己的上司。

我的回答是这样的："因为试图改变对方，所以才会不如愿。试着间接地去给予对方影响吧。如果我们从对方那里受到了影响，我们也能够给予他影响。"在我说完的一瞬间，他明白了，说道："啊，该改变的原来是自己。"

当时，我对妻子的态度有给予她影响吗？被丈夫冷落，不被丈夫需要，就算自己不存在也没关系——我大概给她带去了各种各样的影响。

妻子之所以会有自杀的念头，并不是因为其他事情，而是因为我的行为。

我要做的不应该是期待妻子的变化，而是做我能够做的事情。意识到这一点后，我的内心变得平静了很多，我为自己一直觉得"妻子应该做出改变"而感到非常羞愧。

当然，虽然这不是我做的全部事情，但放弃试图改变妻子的想法，把注意力转移到我能做的事情上以后，转眼间，妻子的精神状态就好起来了。

想要改变他人，希望他人按照自己的想法去行动，这是谁都会有的十分自然的想法。但是，有一点必须明白：你想改变的人，也在想着去改变你。

就算到现在，我自己也会有改变那些"说了也不改的人"的想法。没关系，这个时候，只要能意识到自己身上的弱点并改变自己就可以了。

往后的生活中，必定还会出现一些人不如你所愿。请记住这句话：如果你能受到对方的影响，那么你也能影响到对方。

只要能将注意力集中到改变自身上，那么因为想要改变某人而烦躁不安的时间也会减少很多。

㊎
㊍
㊥

不 再 脆 弱 的 秘 密

>﹤
 o

第六章

优化人际关系,就能带来强大内心

> 只要想到有人能够理解自己,这份安心感就会生根发芽。

合作、共鸣、分享,提高人际关系质量

我们之所以很难承认自然的脆弱,是因为没有可以和自己产生共鸣的人。否定自然的脆弱、处于不自然的脆弱状态的人大多一直在被竭力逞能的人所否定着。

比如,当因为在工作上犯错而感到低落时,如果有人可以和自己产生共鸣,说一句"真是不容易啊",这和有人否定自己说"没必要为这点儿事而情绪低落"相比,内心产生的触动是完全不一样的。

实际上,就算没有这样的话语,只要觉得自己会被否定,就很难去承认自己身上那些自然的脆弱。

要想获得强大的内心,最需要花力气的就是处理人际关系。只要提高了人际关系的质量,你的内心就会变得更加平静安稳。

那么,具体来说,到底什么样的人际关系才称得上是高质量的呢?这里就要提到"3K原则"。

"3K",即合作、共鸣、分享。①

所以,我们要做的就是增加满足这三个要素的人际关系,或者将这三个要素加入已有的人际关系中。

你可以将合作、共鸣、分享这"3K"看作人的精神营养。我们的精神就像肌肉一样,只有意识到精神上存在的伤痕时,我们才会通过行动去弥补不足,之后才会变得不容易

---

① "合作""共鸣""分享"在日文中分别对应"協作"(Kyouryoku)、"共感"(Kyoukan)、"共有"(Kyouyuu),日文罗马音的首字母均为"K",故称为"3K原则"。

受伤。关于这一点，我在之前的章节中也已经阐述过了。

但不是受了伤就能变得强大。比如，对于肌肉来说，如果没有足够的营养和蛋白质的补给，就无法做到超快速地恢复。

精神的恢复也是一样的。除了意识到自然的脆弱，经受精神上的痛苦之外，还必须要汲取合作、共鸣和分享这三者带来的营养。

那么如何才能构筑起满足"3K"要素的高质量的人际关系呢？说得直接一点儿，就是相互扶持，共同解决棘手的问题。

曾经看过这样一个电视节目：住在偏远的大山深处的一户人家过着自给自足的生活，那里既没有通水通电，也无法通过商店买到食材。

他们一边饲养家畜，一边和家人以及地方上的人过着相互帮助的生活。从某种意义上来说，他们过的生活非常像过去的人类。

有一天，节目组播放了他们一起做汉堡包的视频。一家人先烤面包，然后将捕获的鹿肉搅拌均匀，又去挖野菜，用鸡蛋制作蛋黄酱，全家人一起合作，终于完成了汉堡包的制作。

参加节目的艺人说了这样一段点评："大家一起制作汉堡包，然后相互夸赞味道好极了，这是在店里没法儿买到的体验。"这就是理想中的合作、共鸣和分享。

虽然我们不需要去过这种自给自足的生活，但实际上，在我们生活的这个现代社会之中，要想获得"3K"却很困难。这是因为我们所生活的这个社会是一个即使不相互帮助也能解决问题的便捷化社会。

就算不和他人合作，到了店里也能吃到汉堡包。只要有这种想法，就算不和他人对话，任何需要的东西都可以直接弄到手。

同这份方便和轻松相对的，则是共鸣和分享的机会在急剧减少。人们在不知不觉间变得不需要相互扶持去解决棘手的问题了，也就是说，人很容易在精神上变得营养不良。

其实，要是留心寻找，就会发现有非常多必须相互扶持才能解决的棘手问题，比如，工作本身就是一个集合了"3K"要素的巨大宝库。在个人生活方面比较简单易懂的例子是体育比赛、户外烧烤等，还有像节日庆典、演唱会活动等也是如此。

就算不是在真实的场所做的事情也没关系，因相同的兴趣爱好而相谈甚欢的网络交流、共同合作推进的社交游戏等也是"3K"要素的体现。很多人之所以会在社交软件上花费很多时间，也是因为他们能够从中获得合作、共鸣和分享。

有意识地去执行"3K"要素，想想自己今天获得了怎样的合作、共鸣和分享,并以此为目标不断改善人际关系。一段时间后,你的精神状态自然就会变得平静安稳。

就算没有人和你说"真是不容易啊",但只要想到有人能够理解自己,这份安心感就会生根发芽。因为被无声的信赖所包围着,所以即便是一个人的时候也能直面自然的脆弱。

> 比起能教给自己解决方案，能顾及自己感受的温柔之人，能和自己同频共振的诚实的人或许才是更好的倾诉心声的对象。

选择诚实的人
作为倾诉的对象

"你能够听我讲自己的烦恼，真是让我觉得太痛快了！"

"你能够懂我，这就已经让我很开心了。"

"你能够理解我的心情，真好。"

或许你也曾有过这样的体验吧。我因为从事咨询师的工作，经常会听到这样的话语。而且，对我自己来说，如果能获得别人的理解，我也会感到非常安心。

但是，让人倾听自己这件事是一件近乎"赌博"的事情。能否获得理解，能否被接受，这并不取决于你自己，也不取决于运气，而是几乎完全取决于倾听者。

我已经不下千百回地听到有女性这样说："就算和丈夫说了，他也不会理解。反正是要被他否定的，所以我什么都不说了。"

她们说的话是对的。不分倾诉的对象是谁就想获得对方的共鸣，往往只会受到更大的伤害。

选择怎样的倾诉对象才能让你在这场"赌博"中获得胜利呢？答案是选择"诚实的人"。

我也有过无数次因为不被理解而承受了精神上的痛苦的经历。在患上眼疾后不久，当我告诉对方"我看不清"的时候，不知道为什么，大家说的几乎都是同样的话："我的眼睛也不好，如果摘掉眼镜（隐形眼镜）的话，几乎什么都看不到。"他们估计是想顾及我的感受吧，但我每次听到这句"我的眼睛也不好"时，内心就会升起一股无名火，感到十分烦闷。虽然我很感谢他们顾及我的感受,但是我们之间在视力上存在的问题完全不能相提并论,这让我感到非常空虚。

但是,有一个人让我非常难忘。他是我的一个客户公司的男员工,我对他的印象是"虽然不灵活,却是个诚实的人"。

在我告诉他自己有视力障碍的问题后,他木讷地说了一句:"我……说实话……不知道该说什么才好。"然而,这是非常正常的一句话。

那个时候,我没有解决方案,就算是他人温柔的体谅也会让我感到非常痛苦,但是他说出的这句话却治愈了我,让我久久不能忘怀。

将烦恼与痛苦说与他人,自己就能变得轻松一些,这是因为这会让自己觉得"我不是一个人在默默承受"。就像我之前说过的,人类并没有强大到可以独自生活。

虽然实际上解决问题的还是自己,但如果有一个值得信赖的人在身旁,当自己感到困惑时,可以与对方抱有相同的问题意识。正是因为有了这份实实在在的感受,我们才能鼓起勇气去面对问题。

如果弄错了倾诉的对象,你的内心只会更加受伤。比起能教给自己解决方案,能顾及自己感受的温柔之人,能和自己同频共振的诚实的人或许才是更好的倾诉心声的对象。

> 想减少不被人理解的失落感，首先就要下功夫去让对方了解你，同时也要试着降低让别人理解你的门槛。

降低让对方理解自己的门槛

当我们抱有巨大的烦恼，情绪消极低落，对未来感到不安时，就会特别想把自己的感受告诉他人并得到理解。

但越是重大的事情，就越难以获得对方的理解。这时候，我们就会觉得"谁都不理解我"，因此情绪也会变得更加低落。

因得不到对方的理解而感到遗憾和失望，这也是一种自然的脆弱，并不是什么奇怪的事情。这时如果大声呼喊"为什么谁都不理解我"，就更加难以获得他人的理解，心情也会变得更加烦躁。

那么，要怎么做才能获得对方的理解呢？

第一，要下功夫让对方理解自己；第二，要降低让对方理解自己的门槛。

语言是非常不完备的。就算把看到的东西、听到的东西、感受到的东西就这样说出来了，也不可能让对方百分之百理解你脑海中所想的包括各种细节在内的所有东西。

在夫妻关系、亲子关系等亲密关系中，获得对方理解的门槛就会更高。

而且一旦因烦心事而感到内心不安时，就没有心情去冷静地选择用词或表达方式。明明是自己没有好好下功夫去让对方理解，却又极其希望对方能理解自己，可越是这样，就越得不到对方的理解，因此而感到生气也是再正常不过的事情了。

我也曾因没人能够理解我的视力到底有多差而感到非常

烦恼。尤其是在放下了自己长期经营的公司，成为一名上班族的时候，我明明告诉了对方自己是视力障碍者，但是我并没有告诉身边的人我的视力到底有多差，只是内心一个劲儿地感觉非常烦闷。

当时，有一个人是这么问我的："您的眼睛具体是看不清到什么程度呢？我不太能理解。"

那时，我意识到了自己因为觉得谁都不懂我而变得非常卑微，我没有努力去传达自己的情况，只是期待对方能够理解自己，这让我感到非常羞愧。

之后，为了告诉别人我的视力到底有多差，我开始花心思通过制作视线图来让对方了解我。

在这个过程中，我感受到的一点是，什么能看见，什么看不见，这其实是非常主观的感受，是不可能让对方完全明白的。

就算是长年和我一起生活的妻子也会对我说"不明白",更何况认识没多久的其他人了。期待他们能够理解自己,本就是在播种失望的种子。

想法如何、感受如何,这些也同样都是主观的东西,如果自己的想法和感受能够传达给对方,那反而是奇迹。

你想传达的事情,想让对方明白的东西,对方能理解20%就已经非常了不起了;如果能理解一半,那就是无比令人喜悦的事情了。

想减少不被人理解的失落感,首先就要下功夫去让对方了解你,同时也要试着降低让别人理解你的门槛。

> 你是如何感知对方的,在很大程度上决定了对方是如何感知你的。

要想被他人理解,就要先理解他人

要把自然的脆弱转化为强大,需要获得他人的共鸣,也就是说,来自他人的理解是不可或缺的。

就算下了功夫让别人了解你,也降低了让别人理解你的门槛,依然会有无法得到他人理解的时候。而最让人烦恼的是彼此都希望得到对方的理解而产生冲突的时候。

比如,领导和下属,丈夫和妻子,父母与孩子,等等,彼此接触的时间很长,而且还有很多感情基础。在这种关系中,彼此都希望得到对方的理解,这种想法相互碰撞,很容易引发"希望你懂我"的战争。

在工作会议上阐述各自的理由时，也会经常发生这种战争。

要结束"希望你懂我"的战争，其实并不困难，因为双方都希望得到对方的理解，所以首先要做的就是不要试图讲道理。

从谁对谁错的世界中抽离出来，从更冷静的一方开始，也就是从阅读本书的你开始，先迈出一步去理解对方的思考方式、心情、价值观，换句话说，就是要充分地理解对方，理解到能代替对方说出他所考虑的、所感受到的、所相信的程度。

我曾参与过一次夫妻关系不和的仲裁，那是一场典型的"希望你懂我"的战争，两个人都在抱怨对方不理解自己的辛苦。

分别和他们进行了一对一的对话后，我了解到比较冷静的是妻子这一方，于是就和这位妻子商量："去听听您先生想说什么，直到您能代替他说出他想说的为止。"随后，我对那位丈夫说："您太太已经进行反省了，她确实不该只强调自己的感受。你们两个人要不要坐下来谈一谈？"

结果，一心想要妻子理解自己的丈夫说道："我只想着自己的事情，真是对不起。"据说，他主动站到了妻子的立场上去倾听她想说的。

这位妻子则说道："自从结婚以来，这是我第一次看到他这么坦诚。"人就是这样，如果你愿意做出让步去理解对方，那么也会得到对方的理解。

对于人来说，"3K"要素，即合作、共鸣和分享，就像精神食粮一样，本来就是每天都应该摄取的重要的东西。一旦开始了"主动理解对方"和"得到对方的理解"的良性循环，人际关系就会得到改善。

想得到理解的不仅仅是你，你眼前的人也渴望着被理解。如果双方都喋喋不休，只表达自己的主张，那么谁都无法听到对方的想法。所以，要从冷静的一方开始，尝试去理解对方。

所谓人际关系存在于人与人之间，是由双方的交情来决定的。在这种关系当中，没有谁对谁错。你是如何感知对方的，在很大程度上决定了对方是如何感知你的。

如果想得到对方的理解，就要从冷静的你这一方开始，去理解对方。这样一来，就能结束"希望你懂我"的战争，也能创造出共鸣和能够持续循环的关系。

> 只要有意识地以"我们"作为主语,之前那种以"我"为中心的对立关系也会逐渐缓和。

当产生对立时,
用"我们"去化解

"唉,怎么又喝酒了。"看到放在客厅桌子上的空酒杯,我总是会轻轻地叹一口气。就这样,这种生活持续了三个月。我的妻子本来就是一个喜欢喝酒的人,每天晚餐时必定会小酌一杯。

当然,如果是健康的时候,喝一点儿酒也没有大碍。但那时的她已经被诊断出了抑郁症,医生也禁止她继续喝酒。

每当妻子问我"为什么不能喝酒"的时候,我总是回答:"哎呀,因为医生说了你不能再喝酒了。"这几乎成了我们两个人之间的固定对话。现在想想,在如此恶劣的夫妻关系下，抑郁症是不可能好转的。

不仅仅是夫妻关系，即使是在朋友关系、上下级或同事关系中，我们也会时常陷入意见不同、气氛恶劣的境地。尤其是这种抬头不见低头见的关系，我们会更希望它可以得到缓和。

实际上，我在从事咨询工作时，也经常会被问道："怎样才能改善人际关系呢？"但其实无论是哪种人际关系，都有共通的改善方法。

从结论来说，就是改变主语。不使用"我"这个主语，而是使用"我们"这个主语。

关系之所以会处于对立状态，是因为两个"我"的意见出现了冲突。

举例来说，就好像一群"我"围绕着正确与否，像进行拳击比赛一样进行竞争。就算通过力量打败了对方，关系也不会因此产生变化，反而会陷入更加糟糕的气氛之中。

我们使用的语言会影响我们的思考方式。

当一个人在做一件事时，"我"这个词就很容易形成以对立为前提的关系。把这种关系转化为以合作为前提，也就是只需把"我"改成"我们"，就会感觉对立的一方成了自己的队友。

过去我和妻子之间的确存在着对立的关系，但每天重复着同样的对话内容，让我们都感到精疲力竭。"或许无法再携手并进了。"偶尔我们脑海里也会冒出离婚的念头。

有一天晚上，我们都说出了彼此的心声。"别再闹了！"随着我突然的一声大喊，压抑许久的不满也彻底爆发了。

"你这么想喝酒的话，那干脆就一个人过算了！"听到我说出这句话后，妻子一言不发地飞奔出去了。

对此，我没放在心上，总以为妻子过一会儿就会回来的。结果，她却没有回来。手机就这样放在家里。我被内心的不安驱使着，开始在附近一带找她，但还是没发现妻子的身影。"或许发生了什么事。"我的内心感到非常不安。

终于等到妻子回家了，那时已是深夜两点了。看到静静地走进玄关的妻子时，我悬着的一颗心也终于放下来了。

妻子站在那里说了一句："我一直在找能上到屋顶的公寓，但是没找到。"

一瞬间，我的内心再次涌起了那些令我讨厌的记忆，我想起得了抑郁症的姐姐自杀的事情。"不能再这样下去了，不改变自己的话，我会再次失去自己的家人。"于是，我决定改变自己的思考方式。

也就是从那以后，我开始有意识地使用"我们"这个主语去说话。

关于酒,"我太太"想喝,但是"我"不希望她喝。那么,"我们"该怎么办?于是,我把这看成是我们两个人的问题去思考对策。

日语是一门经常省略主语的语言。

实际上,就算嘴上不说"我们",只要有意识地以"我们"作为主语,之前那种以"我"为中心的对立关系也会逐渐缓和。

在那之前的很长一段时间,我都觉得妻子的抑郁症是妻子自身的问题,但这是一个根本性的错误认识。

妻子辞职后,过去了半年时间,她每天都活在恐惧之中:觉得自己不被任何人所需要。因为想要逃避这种恐惧心理,所以她才开始借酒浇愁,这些话也是在那之后她第一次向我吐露真心。"感觉自己不被这个家需要,也不被你需要。"听到她的这句话时,我就坚信妻子的抑郁症是我们这个家庭的问题了。

之后，妻子很顺利地从抑郁状态里走出来了。直到现在，我们都很重视以"我们"的立场出发去考虑问题。我们互相商量工作上的事情时，也不再把它当作对方一个人的事情，而是永远从"我们"的角度出发去看待它。

有时我们也会因为一些很小的事情而吵架，相互表达不满，但是从来不会揪着一件事情不放手，相互之间也能坦诚地道歉并重归于好。这也得益于我们始终从"我们"的角度出发去解决问题。

人际关系上的对立，要通过"我们"来化解。当然，在面对像审判一样的事件时，从"我"的立场出发就可以了；但当对方是应该共同合作的家人、同事、上司时，如果双方都站在自己的立场上，就会让问题变得很棘手。

要从"我是这样想的""但你是那样认为的""那么我们该如何判断呢"的思考方式出发，通过合作来找出答案。

凡事把自己放在第一位是人性使然，也是一种非常普遍的人性的脆弱。每天生活在一起的人，工作上时常要打照面的人，偶尔会与之产生冲突对立也是正常的。

但冲突并不是问题。发生冲突以后，却把原因丢给对方，不做任何复盘，这才是问题的症结所在。

从谁对谁错的预设中跳出来吧。以冲突为契机，首先有意识地从"我们"的角度出发去解决问题吧。

> 你所失去的珍贵的东西或许不会再回来了,那么你们一起度过的时光便成了一种恩赐。

若失去了重要的东西,就把它当作借来的

失去了重要的东西后,你会有怎样的感受?比如,孩子长大成人并离开了家,和交往了很长一段时间的恋人分手了,和配偶离婚了,或是因疾病或事故失去了健康,你会有怎样的感觉?

你或许会变得对任何事情都提不起兴趣,对人生感到绝望,找不到活下去的意义。这种失去的感觉会让你的内心变得残破不堪。

因失去了重要的东西而一蹶不振是异常的事情吗?要当作疾病一样去治疗吗?这种人性的脆弱自然有其存在的原

因。那么，因为失去而变得残破不堪的内心该如何恢复如初呢？

答案是"不要只盯着失去的东西"。

那么，取而代之的，盯着哪里看才能让内心从失去中恢复过来呢？那就是看看你手边"还没有失去的东西"。

在这里，我分享一件事，关于我所感受到的失去。

我和妻子没有孩子，对于我们来说，现在身边的四只小猫就像是我们的家人一样。对于我和妻子来说，难以忘记的一次重大的别离，就是一只名为"幸之助"的小猫的离世，这只小猫在我们刚结婚的时候就陪伴在我们身边了。

在幸之助离世的前几天，我们已经发现了它的异样。由于慢性肾衰竭引起的尿毒症，它在八岁的时候去世了。

幸之助是我在患上视觉障碍不久前开始养的猫。在我孤独的时候，是它给了我莫大的支持。对于妻子来说，患抑郁症期间，是它支撑着她度过了那段痛苦难熬的时光，幸之助就是她的心灵支柱。

虽然它的外表是一只猫，但是对于我们夫妻二人来说，它就是我们的家人。突然到来的离别让我们猝不及防，以至于很久都无法面对幸之助已经离我们而去的事实。

对于我们来说，这无异于丧子之痛。当时的我们对什么事都没有干劲儿，被笼罩在绝望的黑暗之中，看不到希望。虽然饮食起居跟平常并没有什么不同，但是感觉不到自己还活着。

"我能早点儿发现就好了。"每当我们两个人四目相对时，妻子总会因为后悔而唉声叹气，而我则沉浸在与幸之助离别的哀伤之中，什么话都说不出来，家里就像一直在办葬礼一样，气氛总是非常沉重压抑。

要想从失去了心爱之物的痛苦中重新站起来，关键在于不去注意那些已经失去了的东西，而去注意那些不曾失去的东西。

我是在车站前给幸之助募集饲主的地方遇见它的。那时的它又小又瘦，还会趴在我的肚子上睡觉。在我与幸之助共度的最初的四年时光中，我尚未与妻子结婚，后来我也和妻子一起一边看照片一边回忆那段时光。

等我们结婚并开始一起生活后，比起我，幸之助更喜欢黏着妻子，这还让我觉得有些失落。到了冬天，它一定会钻进被窝和我们一起睡觉。

我们两人将注意力转移到了"不曾失去的幸福的八年时光"上。结果，源源不断地冒出来的后悔的念头便戛然而止并转变成了感谢之情。幸之助陪伴了我四年，又陪伴了我们夫妻四年，这珍贵无比的八年时光，我们从未失去过。

只盯着那些失去的东西，就会觉得被夺走了心头所爱；但是看看那些不曾失去的东西，就会觉得自己收到了莫大的馈赠。

一切珍贵的东西都是借来的，不会永远陪伴在我们的身边，但为什么我们会觉得这些会永恒存在呢？

重要的人、自己的健康和生命，总有一天是必定要被迫归还的，不能延期，亦不能拒绝。

你所失去的珍贵的东西或许不会再回来了，那么你们一起度过的时光便成了一种恩赐。

> 因为不采取行动，所以不安就没有消失。

不拘泥于确定性，
即使不安也要尝试

　　开始一份新的工作，完成一件不擅长的事情，挑战一个困难的试验，开始做一件没有先例、完全从零开始的事情时，除了感到跃跃欲试、欢欣雀跃之外，我们也会感到不安："如果失败了怎么办？"

　　这些情绪都是非常自然的反应。如果比起欢欣雀跃，不安的感觉更多，那么我们就很容易陷入放弃挑战的心境之中。那么，我们该如何去思考这个问题呢？

　　有一位四十多岁的女士跟我说："虽然我也想开始工作，但是我不知道该做什么工作，感到很迷茫，就迟迟没有跨出第一步。"

这位女士一直是一位家庭主妇，已经有二十年没有工作了。虽然她会带着招聘杂志回家，也在招聘网站上收到了面试邀约，但是她始终没能去面试，她说："我迈不开第一步。"

谁都会因为感到不安而无法采取行动，这本来是一种很自然的天性，没有必要去否定它。首先要意识到为什么自己会为进展的顺利与否感到不安，接下来很重要的一点就是不要过分拘泥于确定性。

所谓不安，是顺利应对接下来即将发生的事情的动力，也就是为了尽量不失败，推进事情顺利发展，应该尽可能地做好准备。

话虽如此，无论做了什么样的准备，能否进展顺利也是个未知数。如果太过拘泥于确定性和正确性，就会心生迷惑，迈不开步子。

我有一个朋友开设了一个"创业班",他说其实有不少人都是一边在公司上班,一边在准备创业。

他很遗憾地说道:"明明已经筹划了很多年,也有了创业的计划,但大部分人就是不能将计划落实到行动上。"

当然,我也能够理解他们的不安。创业意味着要抛弃稳定的收入,开始过上收入不稳定的生活。谁要是没有不安的感觉,那才是不正常的。

"制订一个绝对能行的计划""让成功率接近100%"的心情是可以理解的,但如果是这样的话,就永远不可能付诸行动了。

未来本就是不确定的。计划、预测、分析、计算或许能减轻我们的不安,但并不会帮我们将不安降至零。

就算制订了一份完美的计划,这份计划也不会是一份确保万无一失的保证书。无论做什么,必定会留下一些不确定性。

从事咨询工作以后，我经常会听到有人说"因为感觉不安，所以就没有采取行动"，但真实情况恰恰相反。

真实的情况是"因为不采取行动，所以不安就没有消失"。所谓不安，是对接下来即将发生的事情做好准备，并发出修正行动的信号。这就需要我们自己动动手脚，动动身体，也就是说，不采取行动便不能消除不安。

曾经的我也会因为不确定性而感到不安，进而不敢采取行动。

那时，我卖掉了自己经营的公司，正在摸索接下来该如何生活。我的视力大幅下降，年龄也已经三十岁了，绝对算不上年轻，所以对失败感到无比恐惧。

面对无法做出抉择、原地踏步的我，朋友是这么告诉我的："或许做任何一个选择都会后悔，只要觉得自己选择的道路没错，并为之付出努力就可以了。"

我几乎是把同一段话说给了前面提到的那位家庭主妇。她说道："我觉得自己太拘泥于确定性了，接下来，我会找一份自己能够胜任的工作，如果有缘，就在那里工作试试看。"最后，她是带着笑意回家的。

> 强大与脆弱，自然与不自然，把这些当作工具使用，才能体验到跨越人生障碍的快乐与幸福。

内心的脆弱与强大就像汽车两侧的车轮

在这里，我总结一下本书想要传递给大家的观点：承认人性的脆弱才是真正的强大，否认这种脆弱并逞强才是真正的脆弱。

这句像格言一样的话，或许你也听过，但实际上要想承认这种人性的脆弱却并不容易。你是否也不自觉地否定过自己，勉强过自己，用一种不健康的心态生活过？

内心是强还是弱，也就是"二元对立"，在考虑事情的时候，总会附带好或者坏的语境。

肯定好的一面，否定坏的一面。如此一来，就会想去否定低落、不安、郁郁寡欢、消极悲观等内心的脆弱面，这一点也容易理解。

但如果在这里加入一个自然和非自然的维度，就能从好坏的束缚中解脱出来，这也是我通过本书想传递给大家的观点。

实际上，心理状态没有好与坏、强与弱之分。即使是那些乍看之下心理很强大的人，也必定经历过无数次精神上的伤痛。虽然他并非有意为之，但因为他不想再次受到伤害，所以才将脆弱转化到了行动上。

也就是说，那些内心脆弱的人经常把"因为我内心脆弱""所以我无法……"当作"虚假的无法"的借口。

并不是因为内心脆弱而无法采取行动，仅仅是因为迟迟不采取行动，内心才一直很脆弱。

本来我们的内心就不是单纯用强或者弱来区分的。既有执着于强大而失去了自我的脆弱，也有暴露出自己脆弱的强大。

不应该将内心简单地分为强与弱，而是应该去调和强与弱。

思考消极与思考积极，悲观与乐观，低落不安和喜悦安心，这些情感乍一看似乎是对立的，但这也像汽车两侧的轮子一样，缺一不可，都是我们人生中不可或缺的东西。

能够让这些对立的情感协同并立才是真正的强大。

因为胆小、谨慎、悲观而容易陷入不安，是因为对危险的事物、未知的事物具有高度的敏感性。这类人可以更早地觉察到危险，开始研究对策，也能比其他人更用心地做出准备，而且不会在没有准备的情况下靠近那些未知的东西。这些特质都是确保自身安全的优秀的盾牌与防护工具。

此外，大胆、乐观、积极进取也是必需的。这是因为如果只凭借胆小、谨慎、悲观这些盾牌和防护工具，就不能在人生过程中进行冒险。

无论做了多么用心的准备和防备，也不可能将危险和未知降到零。到了最后，就算没有任何保证，也必须直面危险和未知，毕竟船到桥头自然直。我自己也经常会说"总会有办法的，没关系"。

但这种积极的话语是建立在充分的准备和防备的基础上的，是最后才能使用的。

不要怀疑自己的情感，坦诚地承认自己人性中的脆弱，就会明白它在向自己警示什么。

只要减少对自己的否定，对自己的信任感就会与日俱增。

"无论发生什么，我一瞬间就能恢复强大。"只要具备了这种自信，就能毫不犹豫地采取行动。

强大与脆弱，自然与不自然，把这些当作工具使用，才能体验到跨越人生障碍的快乐与幸福。

后记。

看见自身的人性，获得强大的内心

2021年1月3日，我一个人在家里静静地写下了这篇后记。实际上，去年年末，妻子的精神状态急剧恶化，从元旦开始就住院了。

妻子一直从事照顾宠物的工作，但因为新冠病毒的影响，她的工作量也大幅减少。

妻子非常喜欢小狗和小猫。和动物接触，和喜爱小动物的客人说话，对她来说，是和生命一样重要的东西。因为自己心爱的东西被夺走而感到低落，亦是自然的脆弱。

当然，也没有必要就否定这样的自己，没有必要强装出若无其事的样子。或大哭，或大喊，走一遍盛大的"仪式"

就可以了。

在这个过程中,我意识到就算哀叹周遭的环境也于事无补,一切只是因为自己能力不足罢了。其实只需将不安的情绪转化为行动,就能获得强大的内心。

但妻子却做不到。这也让我第一次开始思考一个问题:我真的能对妻子的痛苦感同身受吗?

要将自然的脆弱转化为强大,就必须获得身心健康的人的理解。

比如,就算不通过语言来表达,只要建立了满足"3K"要素的高质量的人际关系,就不会去否定自然的脆弱,也不会去逞能,就能获得自然的强大的内心。

但我却没有做到这一点,或许是因为我脑海里想的全是自己的事情。

妻子不在的这两天，我一遍又一遍地进行无用的自我否定："之所以造成这种局面，都是因为我不好。""救不了自己重要的家人，我真没用。"

我甚至会想："我有资格出版这本书吗？"虽然我可以用语言表达出来，但却很难落实到实际行动上，所以我觉得自己没有资格向读者讲述这些内容。

我把自己的这些想法说给了信任的朋友听，我一边想象着妻子的心情，一边大哭起来。总之，在这个过程中，我意识到了一件很重要的事。

我忘记了一点：其实谁都没有错，只是能力不足而已。

妻子住院后，我感受到了环境的变化，内心也经历了剧烈的摇摆。这都是很正常的事情，如果这时的我没有感到恐惧、不安，没有孤独感，没有精神上的伤痛，那才是不正常的。而且我也经历了一段时间的自我否定。

但现在，正是因为感到不安，我才会给妻子写信，考虑小猫们的健康管理，集中注意力在自己能做的事情上，相信妻子能够恢复，以一种平静的心情等待妻子健康归来。

在电影《重返地球》中有这样一句台词："危险是真实的，但恐惧是自己的选择。"

我们周边的环境变化是真实存在的，但内心冒出来的恐惧和不安却并不是真实存在的。换句话来说，它们是虚幻的，我们不能和虚幻做斗争，它们是我们应对环境变化时可以利用的工具。

只要活在这个世上，环境的变化就会让我们感受到有不合理的地方。

很多人因为新冠病毒的影响而遭受了巨大的痛苦。悲伤、不甘、不安、痛苦、孤单……因为自然的脆弱而感到痛苦，这并不是什么稀奇的事情，所以哭泣、大喊、叹气也没关系。

最后，只要集中精力在自己能做的事情上，然后回归到自然而然的健康状态就可以了。

就像我在前言中说的那样，我并不是内心强大的人，我只是个对内心的脆弱略知一二的普通人。

内心脆弱既不是恶也不是罪，而是非常符合人性的自然的状态。不要怀疑，这是让精神得到成长的机会。

作为写了这本书的人，我要想回归强大的内心也要花两天时间，说来真是惭愧。但我之所以能在这里写下这些文字，是因为我不逃避这样的自己，而要承认自己身上人性的一面。

所以，你也不要否定自己，如果发现自己陷入了不自然的脆弱情绪中，应该表扬自己发现了这一点。无论自己处于什么状态，都要有勇气去承认自己身上那些人性的东西。

如此一来，无论发生什么，都能拥有回归健康状态的强大内心。

最后，在本书出版之际，我要感谢参与了编辑工作的PHP研究所的姥康宏先生，给予我出版契机的松尾昭仁先生，以及在我的写作过程中一直在背后默默给予我支持的妻子。

希望有更多的人能通过培养自然强大的内心，拥有更加充实美好的人生。

心理咨询师　片田智也
2021年

如果抑郁状态持续或低落、不安、恐惧的心理加重，精神状态持续不佳，建议考虑去医院心理科等医疗机构就诊。

这些情绪的产生必定有其原因。

去医疗机构就诊，也是直面这一原因的契机。